习惯探秘

周立举 ◎ 著

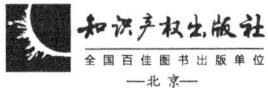

全国百佳图书出版单位
—北京—

图书在版编目（CIP）数据

习惯探秘/周立举著. —北京：知识产权出版社，2022.8
ISBN 978-7-5130-8268-6

Ⅰ.①习… Ⅱ.①周… Ⅲ.①习惯—通俗读物 Ⅳ.①B842.6-49

中国版本图书馆CIP数据核字（2022）第134918号

内容提要

本书是作者在对社会上各种各样、形形色色、鲜活灵动的习惯典型，进行三十年如一日地好奇、锁定、关注、探索、研究和实践的基础上，运用哲学、心理学、科学等理论和方法，遵循与时俱进的思想理念，以自己为实践主体，在生命的整个动态系统和过程之中，全面分析、了解、体验、思考、领悟和总结习惯改变的机理、原则、方法和策略，抛砖引玉，试图触及人类既神秘又神奇的习惯的奥秘，为有志于习惯改变或从事习惯改变教育的培训者提供习惯改变的思路、方法、启迪和参考。

责任编辑：张水华　　　　　　　责任校对：潘凤越
封面设计：臧　磊　　　　　　　责任印制：孙婷婷

习惯探秘

周立举　著

出版发行：	知识产权出版社有限责任公司	网　　址：	http://www.ipph.cn
社　　址：	北京市海淀区气象路50号院	邮　　编：	100081
责编电话：	010-82000860转8389	责编邮箱：	46816202@qq.com
发行电话：	010-82000860转8101/8102	发行传真：	010-82000893/82005070/82000270
印　　刷：	北京九州迅驰传媒文化有限公司	经　　销：	新华书店、各大网上书店及相关专业书店
开　　本：	720mm×1000mm　1/16	印　　张：	16
版　　次：	2022年8月第1版	印　　次：	2022年8月第1次印刷
字　　数：	220千字	定　　价：	69.00元
ISBN 978-7-5130-8268-6			

出版权专有　侵权必究
如有印装质量问题，本社负责调换。

序 言

孔子曰:"少成若天性,习惯成自然。"

人在少年时期养成的习惯,会如同天性一般自然而然。然而,究竟什么是习惯?习惯的奥秘又是什么?立举先生的《习惯探秘》,就是对人类习惯的洪荒原野所做的开拓性探索、耕耘和实践。

有一位不愿意透露姓名的国内著名学者,曾称呼立举先生是上天派来的"文化使者",非常了不起!承蒙立举先生的厚爱,能够在为立举先生的个人专著《道德经演义》和《赢在家教》作序的基础上,再次为他的第三部力作《习惯探秘》作序。

打开《习惯探秘》书稿,我顿时眼前一亮,然后就是爱不释手,甘之如饴,一气呵成地拜读完全书。读完一遍,心里久久不能平静,忍不住再次捧起书稿,反复、深入、细致地研读。越读越欢喜,越读越受益匪浅。《习惯探秘》关于习惯整体、系统、综合性的思想理论,与我二十多年如一日所倡导的教育理念不谋而合!俗语云:道同而谋,同频共振。我的一双儿女是我教育理念的最大受益者:女儿刘悦从小到大,从弹钢琴到练书法,从学舞蹈到习演讲,从北京市十一学校到美国哈佛大学,她的每一个方面的进步、每一个层面的成长,都离不开好习惯的培养和塑造;儿子刘沅潮从幼儿园到小学,从跆拳道选手到小主持人,也都得益于好习惯铺路、好行为成就。

人生，就是一个习惯的演练场。人从出生开始，随着外部人、事、物及环境的影响，个人经验的积累、体验的加深、知识的丰富和能力的增强，总是处于不断主动内建或被动促成的循环流变之中，不知不觉就形成了各种各样的习惯。好习惯能改变命运，坏习惯能毁灭人生。好习惯会不断积累并强化，让人越来越开放，越来越快乐，越来越成熟，越来越成功，越来越幸福圆满；坏习惯也会不断积累并加强，让人越来越封闭，越来越痛苦，越来越堕落，越来越失败，越来越不幸和自困。好习惯必须要加强，而坏习惯必须要解除。任何人，只要纵容或固守坏习惯，不作任何改变，坏习惯就一定会越来越强大，人最终将自己沦为它的奴隶，耗尽所有的生命能量。改变自己的坏习惯，打开全新的生命维度，才能真正摆脱自己不想要的人生，收获真正的成功和圆满。

立举先生从高中二年级就开始了改变个人坏习惯的实操，一直以来，他通过对自身坏习惯的解除和好习惯养成的实践，提炼升华出独具特色的"习惯九型理论"，凝聚于《习惯探秘》之中。相信《习惯探秘》会成为一颗亮丽的明珠，消解人类坏习惯的黑暗，让好习惯的光明照亮世间所有人、成就世间所有人！

刘磊（刘亚儒）
2022年3月22日

前 言

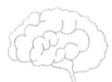

习惯，是人在长时间里逐渐养成的、一时不容易改变的行为、倾向或社会风尚。大成至圣先师孔子说："少成若天性，习惯成自然。"教育家叶圣陶说："教育就是习惯的培养。"英国著名哲学家培根也说，习惯真是一种顽强而巨大的力量，它可以主宰人生。因此，人自幼就应该通过完善的教育去建立一种良好的习惯。习惯不是天生的，而是后天逐渐养成的，类似于人的天性，既自然又强大，既牢固又天成。

习惯，是连通思想和命运的桥梁。习惯，既通过动力定型将无形的思想催生的行为落地生根，又通过主导心理和性格来决定无形的命运。著名心理学家、哲学家威廉·詹姆士说：播下一种思想，收获一种行为；播下一种行为，收获一种习惯；播下一种习惯，收获一种性格；播下一种性格，收获一种命运。人的思想决定行为，行为决定习惯，习惯决定性格，性格决定命运。

习惯决定命运，习惯主宰人生。好习惯创造辉煌，坏习惯毁灭美好。所谓好习惯，是指合于人道和自然规律，有益于自身、他人和社会的习惯；所谓坏习惯，是指悖逆人道和自然规律，有损于自身、他人或社会的习惯。人总是成也习惯，败也习惯。趋乐避苦是人的天性，趋善向好是人的本能。好习惯，人人向往，人人需要，而坏习惯则人人厌恶，人人避之不及。

人刚出生时就是一张白纸，后天在纸上画什么，往往就有什么。初始的生命弱小、无助、无知，受到本能和需要的驱动，会自然生发出各种满足需要的行为。人的本能和需要具有相对稳定性，不可能被满足一次就不再需要，而是会随着生命活动的循环往复而反复呈现，因而与之相关的行为也会反复呈现。巴甫洛夫说：动力定型，是习惯的生理基础。人后天行为的动力定型，就形成了习惯。然而，大多数人并不是先确定哪个习惯好或坏再去培养和塑造它，而是先有了行为，自然就形成了习惯。行为是为本能和需要服务的，并不是为了区分好坏而存在的，因行为的动力定型而形成的习惯，有好也有坏。

天下没有人没有好习惯，也没有人没有坏习惯。有了好习惯，当然不需要改变；但有了坏习惯，就一定要改变。然而在现实生活中，真正能够成功改变自己坏习惯的人却寥寥无几，究其原因有如下几点：

（1）习惯是潜意识的机能，并不受意识控制，具有自动自发运转的特性。因为坏习惯的运转屏蔽意识，这就决定了人对自身的坏习惯往往不能觉知，因而也不会有改变的想法，更不会有改变的行动。

（2）缺乏理性和智慧。一些人认为坏习惯也没什么不好，或者把坏习惯当成自身性格的一部分，认为自己就是这样的人，根本就不需要改变。

（3）纵容和享受坏习惯。坏习惯虽然不好，但却能让拥有者快乐和享受，甚至获得虚幻的成就感，因而沉迷其中不能自拔。

（4）缺乏自律，意志力差。无法战胜与坏习惯对抗过程中所遭遇的挫折、打击、痛苦和不安，只能听从坏习惯的摆布。

（5）安于现状，缺乏突破自我、超越自我、自我革命的能力和勇气。对自身的坏习惯，既没有改变的决心，也没有行动的勇气，更没有坚持到底不放弃的毅力，即便想改变坏习惯，也会因自觉无能为力而主动放弃。

（6）缺乏改变坏习惯的成功经验和方法。面对自身的各种坏习惯，总是束手无策、无计可施，不知如何是好。

改变坏习惯，养成好习惯，是摆在所有人面前的严峻课题。从古至今，人类都在运用一切可能的手段和方法，不断与坏习惯作斗争。人类的文明史，似乎就是与自身恶习斗争的历史，即便是物质文明和精神文明高度发达的现代社会，人类与自身坏习惯的争斗，非但没有减弱，反而更加激烈。

如今社会，众所周知，有 21 天习惯养成理论，其认为：人的任何一种新的行为模式，经过 21 天的反复重复和固化，就能变成一种习惯。然而实践证明：对于绝大多数人而言，有意识地去养成一种新习惯，别说 21 天，可能 210 天也做不到；对于坏习惯的改变，别说 21 天，可能 2100 天也改变不了。所以说， 21 天习惯养成理论只适用于极少数自律能力极强的群体，并不适用于普通大众。

原则上，人的习惯，如同人的记忆一样，是不能强行去除的，只能忽略或用别的东西替代。一个人要想改变坏习惯，要做的不是把坏习惯从自己身体里全部根除，而是要选择一种积极、健康、正能量的好习惯来替代它。通过自我对好习惯的频繁应用，慢慢地忽略和弱化坏习惯，最终把坏习惯扔进被遗忘的角落。

如果违背习惯改变的忽略、替代法则，武断地运用自己的智慧和力量，强行与自己的坏习惯作斗争，试图通过自己的努力，把坏习惯从自己的身体里强行根除，那么注定会失败。主观施为越是强烈，失败就会越彻底。也就是说，你越是想去掉坏习惯，坏习惯就越是顽固难去，而且会因你的强行改变而变得更加强大和顽固。习惯的改变，本质就是大脑神经网络重新排列组合，即原有的神经网络被忽略淡化，新的神经网络被反复强化，进而引发大脑工作方式的改变，人们就是通过这种方式改变行为和习惯的。

好习惯如何塑造，坏习惯如何改变？本书将为您提供综合系统的理论和方法。

记得上高中二年级时，一个同学当众嘲笑我："那么大了还跟婴儿一样握拳。"我痛下决心一定要改掉自己握"婴儿拳"的坏习惯。经过我的不懈努力，不到半年时间，我就完全改掉了"婴儿拳"的习惯，至今没有出现过一次"婴儿拳"。

初入职场时，我受工作环境和身边同事的影响，不知不觉就有了很多坏习惯——抽烟、喝酒、跷二郎腿、讲粗话、懒散、得过且过等，一度迷失自我，找不到生命的意义和价值。有一天我突然惊醒，痛下决心，开始毫不犹豫、坚决果断地向坏习惯开战，同时也开始坚定不移、不达目的不罢休地培养和塑造好习惯。通过不断地自我加压、自我激励、自我挑战和自我超越，坏习惯一个又一个地被成功克服，好习惯一个接一个地被成功塑造：我不仅养成了写日记的习惯，制订日计划并严格执行的习惯，守时的习惯，按时起床的习惯，规律生活的习惯，早晚散步的习惯，而且还养成了读书、思考和写作的习惯等。可以说，没有上述坏习惯的克服和好习惯的养成，就没有现在的我。

本书是我在对社会上各种各样、形形色色、鲜活灵动的习惯典型，进行三十年如一日地好奇、锁定、关注、探索、研究和实践的基础上，运用哲学、心理学、科学等理论和方法，遵循与时俱进的思想理念，以自身为实践主体，在生命的整个动态系统和过程之中，全面了解、分析、体验、思考、领悟和总结习惯改变的机理、原则、方法和策略，抛砖引玉，试图触及人类既神秘又神奇的习惯的奥秘，为有志于习惯改变或从事习惯改变教育的培训者提供习惯改变的思路、方法、启迪和参考。

  编写本书的目的：一是为了向读者呈现独特、综合、系统的理论与实践相结合的习惯类书籍，使每一位读者在面对他人和自己的坏习惯时，不会茫然无助，也不会束手无策，而是能够有根有据、有方法有措施地应对和处置；二是通过自己的实践，向读者展示坏习惯是随时都能改变的，好习惯是随时都能培养塑造的，而且完全可以通过改变坏习惯和培养好习惯来改变自己的命运、主宰自己的人生。

  人生处处有习惯相伴，处理好习惯问题，也就等于处理好了人生问题。破解了习惯的奥秘，就解开了生命的密码，抓住了性格之根，打开了命运之门。习惯的塑造和改变，是一个系统工程，是人生最有价值的努力和提升，也是每一个人都需要面对和终身修炼的重大课题。任何人，只要解决了自身的习惯问题，就解决了命运问题，自然也就解决了未来问题。

  《习惯探秘》是一本适合所有人的兼具实用性和指导性的工具类书籍，也是致力于解决个人偏执、顽固和邪恶问题的自助类书籍。由于本人水平有限，错误和不当之处在所难免，欢迎各位大德、专家、学者、同人多提宝贵意见，不胜感激！

周立举
于 2021 年 10 月

目 录

壹
习惯生理基础篇　/ 001

第一节 | 脑　/ 003
1. 脑干　/ 003
2. 间脑　/ 004
3. 小脑　/ 004
4. 大脑　/ 004

第二节 | 神经元　/ 005
1. 感觉（传入）神经元　/ 006
2. 运动（输出）神经元　/ 006
3. 中间（联络）神经元　/ 006

第三节 | 外周神经系统　/ 007

第四节 | 动力定型　/ 008

贰
习惯心理构成篇　/ 011

第一节 | 意识　/ 013

第二节 | 意识的起源　/ 014

第三节 意识的本质 / 017
  1. 从产生意识的物质基础来讲，意识是人脑的机能 / 018
  2. 从意识的内容来看，意识是对客观世界的反映 / 018

第四节 意识的作用 / 019
  1. 意识活动是一种主动的创造过程 / 020
  2. 意识活动具有目的性和计划性 / 020
  3. 意识对客观世界具有改造的特性 / 020
  4. 意识能反作用于主体，影响人体的生理过程和活动 / 021

第五节 意识的心理构成 / 022
  1. 感觉 / 022
  2. 知觉 / 022
  3. 记忆 / 023
  4. 思维 / 024
  5. 需要 / 025
  6. 动机 / 025
  7. 情绪和情感 / 026
  8. 意志 / 027
  9. 人格 / 028

叁

习惯理论篇 / 031

第一节 习惯形成理论 / 033
  1. "隐性"积累理论 / 033
  2. 本能固着理论 / 035

3. 核心需求行为固化理论　/ 036

4. 信仰功能理论　/ 039

5. 意志决定理论　/ 041

第二节　习惯改变理论　/ 043

1. 替代补偿改变理论　/ 043

2. 循环中断改变理论　/ 045

3. 意识控管改变理论　/ 047

4. 核心主导改变理论　/ 049

肆 习惯探索篇　/ 051

第一节　本能、潜意识和习惯　/ 053

第二节　人的惯性　/ 057

第三节　可怕的习惯　/ 059

第四节　人的改变　/ 061

第五节　教育的本质，是潜意识习惯的塑造　/ 065

第六节　习惯的奥秘　/ 068

第七节　习惯养成原则　/ 071

第八节　习惯培养的黄金程式　/ 075

第九节　习惯与心理　/ 077

第 十 节 │ 习惯与自律　　／ 080

第十一节 │ 习惯与家教　　／ 083

第十二节 │ 习惯与命运浅析　　／ 085

第十三节 │ 人际习惯漫谈　　／ 088

第十四节 │ 习惯与破窗效应　　／ 091

第十五节 │ 情境抽离习惯改变法　　／ 093

伍
习惯改变实操篇　／ 097

第一节 │ 指导思想及实施方案　　／ 099

第二节 │ 习惯改变日记　　／ 104

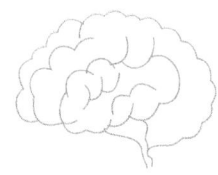

习惯生理基础篇

第一节　脑

脑是动物中枢神经系统的主要部分，位于颅腔内，是人和动物一切意识和活动的主宰，也是人和动物习惯性活动的司令部。

人脑类似于只有一个城门通道的精密且神奇的城堡，与脊髓紧密相连，由脑干、间脑、小脑和大脑构成。

1. 脑干

脑干类似于只有唯一出入口的大脑城堡的瓮城，是脑最古老的部位，负责维持生命的基本活动，控制睡眠和觉醒，与脊髓相连，从外向内可分为延脑、脑桥和中脑三个部分。

延脑是大脑城堡的瓮城门，与脊髓相连，是头部以下神经信号出入大脑的唯一通道，也是呼吸和心跳的控制中枢。

脑桥也称桥脑，位于延脑之上，相当于大脑城堡的瓮城。进入延脑的神经信号，必须经过桥脑，才能到达中脑。脑桥不仅是神经纤维上行和下行的通道，也是联系大脑和小脑之间神经纤维的通道。

中脑位于脑桥之上，相当于大脑城堡城门楼下的唯一城门。来自脑桥的神经信号，必须经过中脑，才能进入间脑。中脑还是瞳孔反射和眼动的控制中枢。

脑干是控制习惯出入大脑的瓮城。

2. 间脑

间脑位于脑干之上,被大脑两个半球覆盖,负责神经信号的选择、整合和转换。除嗅觉信号之外,来自大脑和身体的所有神经信号,必须在间脑重新转换神经元,从而完成信号的连接和传输。间脑由丘脑、上丘脑、下丘脑和底丘脑四部分构成,这四个部分共同负责嗅觉、内脏系统活动和肌张力的控制与调节。

间脑是习惯出入大脑的警卫员或传令官。

3. 小脑

小脑位于延脑和脑桥后方,通过三对小脑脚与延脑和脑桥相连。小脑有两个半球,通过中间的环状部位整合成一个整体。

小脑是身体平衡的控制中枢,通过调节肌肉紧张度,实现随意和不随意的运动,保持身体的动态平衡。如果小脑功能异常或受到损伤,人就会站立不稳,运动失控,活动失调,表现出混乱或癫狂的状态。

小脑是习惯的定海神针,也是大脑城堡的坚固城防。有了小脑,大脑城堡才会固若金汤;小脑功能异常或受损,大脑城堡就会风雨飘摇,习惯的大厦随时都会倾覆。

4. 大脑

大脑分为左右两个半球,通过胼胝体连接成一个整体,覆盖于脑干、间脑和小脑之上,是整个大脑城堡的内核。

大脑的外层是密集的神经细胞体,叫大脑灰质(又叫大脑皮质、大脑皮层)。一个成年人的大脑灰质总重量约 600 克,约占全脑重量(约 1400 克)的 40%,总面积约 2200 平方厘米。大脑皮层高度发达是人脑的主要特征。

据统计，人的大脑约有 100 亿个神经元，是高级神经系统的中枢，是记忆、分析、判断等思维活动的核心场所，管理和支配全身的感觉、知觉、运动、语言、情感、思维和记忆等机体活动，保证机体内部系统和外部环境的协调统一。

习惯，是人生命活动的程式化表达。人身体的任何一个部位都可能形成独特的活动习惯。主宰人生命活动的是大脑，因此，大脑也是习惯的主宰，主宰并控制着人的一切。

第二节　神经元

神经元也叫神经细胞，是神经系统最基本的结构和功能单位，主要部分包括细胞膜、树突、胞体和轴突。

胞体由细胞核、细胞膜、细胞质组成，具有接受、联络、传递和整合信息的功能。

树突短而分枝多，直接由细胞体扩张突出，形成树枝状，其作用是接受其他神经元轴突传来的冲动并传给细胞体。

轴突长而分枝少，为粗细均匀的细长突起，常起于轴丘，其作用是接受外来刺激，再由细胞体传出。轴突除分出侧枝外，其末端形成树枝样的神经末梢。末梢分布于某些组织器官内，形成各种神经末梢装置。感觉神经末梢形成各种感受器；运动神经末梢分布于骨骼肌肉，形成运动终极。

神经元分为感觉（传入）神经元、运动（输出）神经元和中间（联络）神经元三种。

1. 感觉（传入）神经元

感觉神经元接受来自体内外的刺激，将神经冲动传到中枢神经。神经元的末梢，有的呈游离状，有的分化出专门接受特定刺激的细胞或组织，分布于全身。一般来说，传入神经元的神经纤维，进入中枢神经系统后与其他神经元发生突触联系以辐散为主，即通过轴突末梢的分支与许多神经元建立突触联系，可引起许多神经元同时兴奋或抑制，以扩大影响范围。

2. 运动（输出）神经元

神经冲动由细胞体经轴突传至末梢，使肌肉收缩或腺体分泌。传出神经纤维末梢分布到骨骼肌组成运动终板；分布到内脏平滑肌和腺上皮时，包绕肌纤维或穿行于腺细胞之间。运动神经元起到中枢整合作用，使反应更精确、更协调，其与中间神经元联系的方式一般为聚合式。

3. 中间（联络）神经元

中间神经元分布在脑和脊髓等中枢神经内，接受其他神经元传来的神经冲动，然后再将冲动传递到另一神经元。复杂的反射活动是由感觉神经元、中间神经元和运动神经元互相借突触连接而成的神经元链。在反射中涉及的中间神经元越多，引起的反射活动就越复杂。人类大脑皮质的思维活动就是通过大量中间神经元的极其复杂的反射活动实现的。中间神经元的复杂联系，是神经系统高度复杂化的结构基础。

神经元的功能，是受到刺激后能产生兴奋，并且能把兴奋传导到其他神经元。

神经元有些小支连接在其他神经元的许多点上，大部分纤维有数以千计的小枝，与其他神经元相连。据估计，一秒钟之内，一项神经讯息在大脑各个不同部分可传达到一百万个神经元，这就是一种声音，或手指的一触，几乎可以立即产生认知、解意、思想、情绪、学习及行为的原因。

神经元类似于习惯的处理器。无数神经元相互联络聚合，通过共同接收、分析、处理、整合神经冲动，形成符合身体需要的神经冲动，通过大脑的指令集中发出，主宰并控制着人的生命活动，并慢慢强化固化成程式化的习惯。

第三节　外周神经系统

众多神经元的轴突聚集在一起，组成神经纤维，构成一根神经。外周神经系统由遍布全身的神经组成。

外周神经系统是感觉输入和运动输出的神经机构，如同人体的高速公路，将来自身体的各种神经信号快速集结，并传输到身体的相应部位，确保机体维持正常生命活动的需要。外周神经系统，包括脑神经、脊神经和自主神经。

脑神经共12对，有主管嗅觉的嗅神经和主管视觉的视神经；主管听觉和身体平衡觉的位听神经；主管眼球运动的动眼神经、滑车神经和外展神经；主管咽部和肩部运动的副神经，主管舌肌运动的舌下神经；主管面部、牙齿、鼻腔、角膜、头皮、口唇和咀嚼肌感觉和运动的三叉神经；主管面部肌肉运动和部分味觉并支配眼泪和唾液分泌的面神经；主管味觉，咽、头肌肉运动和唾液腺分泌的舌咽神经；调节内脏、血管及腺体等机能的迷走神经等。

脊神经有31对，包括8对颈神经、12对胸神经、5对腰神经、5

对骶神经和1对尾神经，均由脊椎两侧的椎间孔发出，分为前、后两支，分管颈部以下身体相关部分的感觉和运动。

在脑神经和脊神经中，都有不受意识支配、与情绪密切相关、但经过特殊训练可在一定程度上受意识或意念支配的自主神经。自主神经分为相互拮抗的交感神经和副交感神经两类：交感神经具有唤醒有机体，调动有机体能量的功能；副交感神经则具有使有机体恢复或维持安静状态，使有机体储备能量，维持有机体机能的平衡的功能。

人的习惯不受意识控制，但易受情绪的影响，因此，习惯属于自主神经活动的一部分，并受大脑和自主神经共同支配。

第四节 动力定型

所谓动力定型，是指人或动物大脑皮层对刺激的定型系统所形成的反应定型。

动力定型是苏联生理学家、心理学家巴甫洛夫，通过对人和动物的反射活动的实验研究，提出的高级神经活动的基本规律。巴甫洛夫认为，人或动物神经活动的基本过程是兴奋和抑制，二者相互联系、相互制约，在一定条件下相互转化。

巴甫洛夫通过实验证实：人或动物神经活动的兴奋和抑制，是机体在神经系统的参与下，通过对内外环境刺激作出规律性的反应，即反射实现的。反射又可分为非条件反射和条件反射。

非条件反射是人和动物生而具有，不学就会，对维持生命和延续种族具有重要意义的反射，比如吃食物流口水、光照使眼睛的瞳孔收缩、饿了就想吃饭、困了就想睡觉等。

条件反射是个体后天习得的，在非条件反射基础上形成的反射。只有在特定外界刺激的作用下，条件反射才会产生和出现。人的一切心理活动、一切智力活动和随意运动，都是对信号刺激所作出的反应，因此都属于条件反射。

为了区别人和动物的条件反射，巴甫洛夫提出了两种信号系统的概念，即第一信号系统和第二信号系统。第一信号系统，是指直接作用于感觉器官的现实的、具体的刺激物为信号刺激而形成的条件反射，是人和动物共有的。第二信号系统，是指以词和语言为信号刺激而形成的条件反射，它是人所特有的。

巴甫洛夫认为，动力定型是人的习惯的生理基础。

非条件反射基础上的条件反射，经过顺序固定性反复刺激和顺序固定反复反射的动力定型，形成顺序固定的行为模式，进入大脑的潜意识系统，并随着潜意识系统无意识规律性地运转，形成稳定持久的行为习惯。刺激和反射的顺序，固定和反复，是习惯形成的生理学机制。

也就是说，人的习惯是通过自身神经活动的兴奋和抑制，在非条件反射的基础上，通过对来自身体内、外环境有规律的刺激，慢慢习得并定型的程式化的思想、语言、情绪、态度、情感、意志和行为模式。所以说，条件反射，就是习惯的前身。特定条件反射的综合，与个体生命相融合，变成特定有规律的活动，就是习惯。

习惯总是与生命活动息息相关。生命因生存而形成习惯，习惯反过来保障生命的生存，人不用思考，就能找到自己的家，就是习惯使然。习惯，也使人不用花费多少精力，就可以把很多活动维持下去。例如，我们不需要去想早上起床、刷牙、洗脸等一系列活动，就可以顺利地进行下去，这样就可以把时间和精力用在需要用心去解决的新任务上。

人的习惯是架构在动力定型基础之上的，动力定型一旦遭到破坏，习惯就丧失了维系的条件，人就会因习惯的受挫而心生消极的情绪，进而影响整个生命活动的质量和效率。例如，一个人有午睡的习惯，一旦因为特殊原因导致不能午睡，整个下午他都可能觉得不舒服，不开心。

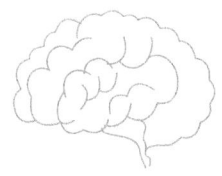

习惯心理构成篇

第一节　意识

意，《说文解字》定义：意，志也，从心察言而知意也，从心，从音。意，即意向，原义是心思、心志，延伸为愿望、心愿、情感、情意，也引申为内心、胸怀，指用心去考察别人的言语就知道他的意向。

识，《说文解字》定义：识，常也，一曰：知也。识，即旗帜，原义是知道、懂得，指见识，延伸为认得、认识、能辨别。

意识，是人心思的旗帜，是人对内心的觉知。

马克思指出：意识是人的精神活动及产物，是人脑的机能，是物质世界的主观印象。

心理学则将意识定义为：人类大脑所特有的反映功能，是人的心理和动物的心理的根本区别，是物质发展最高阶段的产物，也是自然进化的最高产物。

总而言之，就心理状态而言，意识意味着清醒、警觉、注意力集中等；就心理内容而言，意识包括可用语言表达出的一些东西；在行为水平上，意识意味着受意愿支配的动作或活动，与自动化动作相反；在哲学层面，意识是一种与物质相对立的精神实体，由思想、幻想和梦等构成。

综上所述，所谓意识，是人脑的机能，是思想的旗帜，是内在的觉知，是对人的身心系统具有统合、管理和调节作用的高级神经活动。

人的意识可分为显意识和潜意识两大类。所谓显意识，是指人在清醒状态下的觉知,既包括对外界事物的觉知,也包括对自身内部状态的觉知。所谓潜意识,是指潜藏于人的内心深处,即便在清醒状态下也不能认识和觉知,但却自动自发运转的心理活动过程。

一座漂浮在海洋上的冰山,露出水面的部分只是一小部分(约占整座冰山的20%),绝大部分(约占整座冰山的80%)都隐藏在水面之下。如果将人的意识比喻成一座漂浮在海洋上的冰山,那么冰山露出水面的部分就是人的显意识,隐藏在水面之下的部分就是人的潜意识。在意识的冰山模型中,在水面之上的冰山(显意识),较容易发现、测量、管理和控制;而水面之下的冰山(潜意识),则往往因为不能被觉知而无能为力。从这个层面来考量,人的潜意识是人的意识之根,显意识只是潜意识基础上的显化。所以说,潜意识决定显意识,显意识对潜意识具有能动的反作用。

人的习惯通常都是意识所不能觉知的、自动自发运转的思维、语言或行为模式,因此,人的习惯属于潜意识的范畴。完全可以说,潜意识,是习惯的家,是习惯的司令部,是习惯的主宰,也是习惯的皈依之所。也正因为习惯由潜意识管理和控制,所以人总是表现出对习惯的无能为力。

第二节　意识的起源

意识是人的精神活动及精神活动的成果,是自然万物进化发展的最高灵性存在。意识的产生,是一个漫长的历史进程,从物质到意识,大致可分为三个发展阶段。

第一阶段:由一切物质都具有反应特性到生命物质的刺激感应性。

原始的地球，与月球、火星一样，一片荒芜，没有生命。地球上所有的物质，都以无生命的物质形式存在。无生命的物质，在自身及自然力的作用下，反复发生着机械的、物理的和化学的运动。无生命物质在运动中，必然会与周围的其他物质相互作用，从而在一方或双方身上留下印记或痕迹，这种印记或痕迹就是无生命物质反应性的表现。自然界中的机械过程、物理过程、化学过程，包括现代自然科学提示的信息过程等，都表明反应的特性是一切物质都具有的共同特性，也是有生命物质反应形成的前提和基础。

在宇宙自然中，有机物是由无机物在漫长的历史进程中缓慢演化而来的，有机物又逐渐演化成各种各样的生命形态。自然万物从无机物到有机物，再由有机物到生命，都是物质进化产生质的飞跃的结果。物质进化产生质的飞跃，物质反应的特性也必然随之产生质的飞跃。因此，无生命物质的反应特性是生命物质反应的基础性特性。

无生命物质的反应，是以改变其自身的存在状态或转化为他物来表现的；而有生命物质的反应，则是以自身与外界交换物质和能量来实现的，是以不断新陈代谢、自我更新为基础的。生命的反应形式和能力是在生物有机体适应环境、维持生命的需要中产生，同时又在复杂多变的环境中得到发展和完善。低级生物的反应特性，就是对刺激的感应特性。

第二阶段：由低级生物的刺激感应到动物的感觉和心理。

低级生物（比如原生生物和植物）对刺激的感应性，表现在生物体对外部环境刺激中有利于生存的刺激的本能趋向性和不利于生存刺激的本能回避性，这就是高级生命体感觉的萌芽。感觉就是在刺激感应性的基础上演化发展而来的。

动物是比原生生物和植物更高级的生命形态。动物与环境的关系，远比原生生物和植物要复杂得多，因此动物就演化出了比刺激感应性更高级的反应形式——感觉。

生理解剖学表明：神经系统是感觉产生的主要物质基础。神经系统能把各种感觉联系起来，为动物的感觉向动物心理发展提供了基础和条件。低等动物由于神经系统简单，因此感觉仅表现在本能性的生存反应层面；高等动物在适应和应对复杂多变环境的过程中进化出了复杂且发达的神经系统，逐步形成了以大脑为核心的中枢神经系统和周围神经系统。有了大脑的集中控制和指挥，高等动物就能对各种刺激或信息进行联系、统合和调控，这就是动物的心理。动物心理不仅包括感觉、表象、识记和某种情感，甚至已经包含初步的形象思维、分析和判断能力。意识就是在动物心理的基础上演化发展而来的。

第三阶段：由动物的感觉和心理到人类意识的产生。

从无生命物质反应的特性、低等生物对刺激的感应性，到动物的感觉和心理全部反映形式的发展历史，是人类意识产生的准备阶段。人是物质进化的最高生命形态，本身就是自然的产物，因此，人的意识是自然界物质长期演化发展的产物。

人类区别于动物的基本标志，是制造并使用工具进行劳动。因此，劳动是人类产生的决定性环节，因而劳动也是意识产生的决定性环节。

首先，劳动使猿脑变成了人脑，从而为意识的产生提供了物质器官。劳动从制造工具开始，由于制造和使用工具，前肢逐渐变成了手。手脚分工后，后肢主要支撑躯体，使得进化中的人站立起来，直立行走。由于直立行走开阔了视野，人能够面对更加复杂的外部环境，这一切就促进了人脑的进化和发展，使之能够对复杂多样的刺激和信息进行储存和反馈，大脑不断完善，逐渐成为能够产生意识的人脑。

其次，劳动产生了语言。语言是意识的物质外壳，没有语言，就没有思维和意识。然而，无论是什么形式的语言，都是在劳动过程中产生的。

在社会性劳动中,原始的人只有相互合作、互相配合,才能有效地进行物质资料的生产。这就需要人们互相了解彼此的思想、愿望、要求和感情,当社会成员之间感到有什么东西必须表达,他们开始尝试用单音节,逐渐明确、固定某些音节的含意,这样语言就产生了。语言的出现,使人们交流思想有了工具。人们借助语言,能把事物的共同本质或内在联系抽象出来加以概括,这便是概念的形成。概念的运用和展开,便是真正的意识。

最后,劳动丰富了意识的内容,推动了意识的发展。人类改造自然的活动是不断深化的。在改造自然的过程中,人类生产出越来越多的物质资料。物质资料的丰富,使人们之间的交往也复杂起来,社会便由此获得发展。这一切无疑会使意识和思维得到丰富和发展。恩格斯指出:"人的思维的最本质的和最切近的基础,正是人所引起的自然界的变化,而不仅仅是自然界本身;人在怎样的程度上学会改变自然界,人的智力就在怎样的程度上发展起来。"❶

总之,劳动是意识的物质器官形成和完善的基础,是意识产生和发展的决定性力量。离开劳动、脱离人的共同活动所形成的社会,意识就不可能从中产生。

第三节 意识的本质

按照马克思主义哲学的观点,意识的本质包含两方面内容。

---

❶ 赵家祥. 马克思主义哲学原理 [M]. 北京:经济科学出版社,1999:44.

1. 从产生意识的物质基础来讲，意识是人脑的机能

人的大脑，分为左右两个半球，拥有约 100 亿个神经元。各类不同的神经元，拥有不同的功能，相互密切分工，和谐合作，构成极其复杂的神经网络系统。大脑是整个神经网络系统的总枢纽和中心，是进行思维和意识活动的物质基础。

动物是通过反射活动与周围世界发生关系的。动物的反射活动分为两类：一类是无条件反射，即动物的本能；另一类是条件反射，即第一信号系统，这是高等动物都具有的，是动物心理产生的生理基础。

人类虽然是由动物进化发展而来，但是人类却拥有动物所没有的第二信号系统，即由语言和文字的刺激而引起的反射活动。由于有了第二信号系统，人脑能克服实物的局限。也就是说，人脑除了能对直接的实物刺激产生反射活动外，还能对间接的语言文字的刺激产生反射活动，人脑的这种反射活动，就是意识活动。因此，意识活动是建立在第一信号系统和第二信号系统基础上的复杂的神经反射活动，是人脑特有的功能。

2. 从意识的内容来看，意识是对客观世界的反映

意识是人脑的机能，人脑是产生意识的物质器官，但人脑并不是意识的源泉，它不能自动地、独自地产生意识。就其内容而言，意识是人脑对物质世界的反映。只有当客观外界的事物和现象作用于人的感觉器官，并通过神经系统传到大脑，再经大脑改造制作之后，才能产生意识。所以，马克思指出："观念的东西，不外是移入人的头脑并在人的头脑中改造过的物质的东西而已。"❶

意识是物质世界的主观印象，因而具有主观的特性。也就是说，无论

---

❶ 赵家祥. 马克思主义哲学原理 [M]. 北京：经济科学出版社，1999：45.

意识是正确的还是错误的,都能从客观世界中找到它的"原型",即具有客观性,但绝不能因此否认意识的主观性。意识离不开物质,但它本身是非物质的。首先,意识的主观性表现在反映的形式上。意识对物质世界的反映主要有两种形式:一种是包括感觉、知觉和表象在内的感性反映形式;另一种是包括概念、判断、推理在内的理性反映形式。此外还有情感、意志等。无论是感性或理性反映形式,还是情感、意志,都是主观世界所特有的,外部的客观事物本身是无所谓感性或理性以及情感、意志的。其次,意识的主观性还表现为不同主体对同一对象的反映可能大不一样。不同的人对同一个对象会有不同的反映,甚至是完全相反的反映,这是因为每一个人的主观条件和状况不同。最后,人们可能近似正确地反映对象,也可能歪曲错误地反映对象,形成一些荒诞的意识,这是由反映本身的曲折、复杂性造成的。

总而言之,意识是人脑的机能,意识对物质具有强烈的依赖性,意识是对客观世界的主观反映。

第四节　意识的作用

物质决定意识,但意识对物质具有能动的反作用。所谓能动的反作用,是指意识对人在实践基础上能动地认识世界和改造世界有指导作用。毛泽东指出:"思想等等是主观的东西,做或行动是主观见之于客观的东西,都是人类特殊的能动性。这种能动性,我们名之曰'自觉的能动性',是人之所以区别于物的特点。"❶

---

❶ 赵家祥. 马克思主义哲学原理[M]. 北京:经济科学出版社,1999:46.

1. 意识活动是一种主动的创造过程

意识的创造性不仅表现在意识通过对感性材料的加工改造，找出事物的内部联系和规律性，在思维中再现事物的本质，而且还突出地表现在能通过想象在思维中创造世界上没有的新事物。列宁说："人的意识不仅反映客观世界，而且创造客观世界。"❶ 然而，这并不是说意识可以无中生有地创造世界，而是说意识可以通过实践改造物质的存在形态。意识不仅能够反映当前的事物和现象，还可以追忆过去的事情，并能根据对事物规律性的认识预测未来。

2. 意识活动具有目的性和计划性

意识对客观世界的反映，与人的需要是分不开的，总是带着一定的目的性和计划性。人在行动之前，总是根据已知的事实和条件，在头脑中形成一定的目的，并依据这种目的建构准备实行的计划。实践就是在这种目的和计划指导下的行动。没有需求，没有目的，没有计划，往往就很难有实质性的行动。

3. 意识对客观世界具有改造的特性

人的大脑反映客观世界并不是最终的目的。意识活动虽然不是实践，但它和实践结合在一起，实现对客观世界的改造。

意识对客观世界的改造，必须要具备一定的条件：

首先，必须遵循物质运动的客观规律。只有掌握了事物的客观规律，才能使意识能动性得到有效发挥，才能在实践中成功地改造客观世界，真正为人类造福。

---

❶ 赵家祥. 马克思主义哲学原理 [M]. 北京：经济科学出版社，1999：47.

其次，必须具备物质手段。没有一定的物质手段，特别是工具，意识的能动性就不能发挥和实现。

最后，必须考虑特定的环境因素。任何事物，都是处于同其他事物的联系之中，彼此相互影响、相互作用、相互支撑。因此，要改变一事物，就不能不受到该事物所处环境的局限，这是发挥意识能动作用时所必须考虑的。

4. 意识能反作用于主体，影响人体的生理过程和活动

人的思想决定人的行为，人的行为对思想具有反作用。一个人的精神是否愉快，心情是否舒畅，对于他的身体健康状况有着重要影响，这就是意识反作用于意识主体的表现。

意识能动性的实现，必须通过一定的途径，这个途径就是实践。意识本身只是精神、思想、观念等，并没有什么实在的力量，也不能实现什么。所以人们常说：思想、精神和理论是苍白的。思想、精神和理论，只有被人掌握了，变成指导人的实践，才能显示它的巨大威力，它自己也才能得到实现。马克思指出："思想根本不能实现什么东西，为了实现思想，就要有使用实践力量的人。"❶ 这就是说，意识本身只是一种精神力量，要把它变成现实的物质力量，就必须通过物质实践活动才能实现。因为实践作用于物质的过程，也就是意识自身对象化的过程，也就是使主观的东西见之于客观，使客观世界发生符合于主观目的、愿望的改变的过程。正因如此，我们才说，实践是意识能动性实现的根本途径。

---

❶ 赵家祥. 马克思主义哲学原理 [M]. 北京：经济科学出版社，1999：48.

第五节　意识的心理构成

意识是人生命活动的主宰，是心理的核心。心理是人脑的机能，是对客观现实的主观反映。心理的表现形式叫作心理现象，人的意识通过心理现象来展现，因此，心理现象也是意识的心理构成。

1. 感觉

人类认识世界始于感觉，感觉提供了身体内外环境的信息，保持机体与环境信息的平衡。

感觉是人脑对直接作用于感觉器官的客观事物个别属性的反映。

感觉分为内部感觉和外部感觉两种类型。由身体内部刺激所引起的感觉，称为内部感觉，包括运动觉、平衡觉和机体觉（饿、胀、渴、窒息、恶心、疼痛等）；由身体外部刺激所引起的感觉，称为外部感觉，包括视觉、听觉、嗅觉、味觉和皮肤觉等。

感觉具有适应性、保留性、对比性和联通性四大特性。

感觉是人一切心理和意识的基础，也是习惯的源泉。

2. 知觉

感觉是人对客观事物个别属性的反映。客观事物个别属性的统合，就是事物的整体属性。人对同一事物各种感觉的统合，就形成了对事物的整体认识，即知觉。所以说，知觉是人的大脑对来自同一事物的各种感觉进行统合，进而产生对事物的整体认识的过程，或者说，知觉是直接作用于感觉器官的客观事物的整体在人脑中的反映。

知觉虽然来自感觉，但却不同于感觉。知觉不是客观事物的个别感觉信息的简单总和，而是人的大脑按照一定的方式，融合各种感觉信息，形成一定的结构，并根据个体经验解释由感觉提供的信息的结果。

知觉来源于感觉，反映的都是事物的外部现象，因此，知觉和感觉都属于感性认识。

知觉可分为空间知觉（包括大小知觉、形状知觉、方位知觉、距离知觉等）、时间知觉、运动知觉和错觉四大类。

知觉具有整体性、选择性、理解性和恒常性四大特性。

人的知觉系统不仅加工外部输入的信息，同时也加工头脑中已经存储的信息。知觉在加工信息的过程中，受到人自身的需要、兴趣、爱好、知识和经验等的影响，不同的人对同一事物整体属性的认识会存在明显差异。通常情况下，大脑加工的存储信息越多，对感觉信息的需求量就越少，人就越理性、越智慧；相反，大脑加工存储的信息越少，对感觉信息需求量就越大，人就越感性、越浅表化。

知觉是心理和意识的源泉，也是习惯的活水源头。

3. 记忆

在日常生活中，人对事物的感知、问题的思考、事件的情绪体验和言行举止等，都会以经验映像的形式存储在大脑中。在一定条件下，大脑所存储的经验映像又可以提取出来，这个过程就是记忆。因此，记忆是过去经验在头脑中的反映，是大脑对外界输入信息进行编码、存储和提取的过程。

记忆的存在，使人能够将过去的经验和当下的现实联系起来，并将过去和现在整合成一个整体，因而记忆也是人学习、生活和工作的基本机能，是智慧的源泉，也是心理发展的基石。

记忆包含识记、保持和再现三个环节，具有瞬时记忆、短时记忆和长时记忆三大系统，分为形象记忆、情景记忆、情绪记忆、语义记忆和动作记忆五种类型。

有记忆就有遗忘。人对记忆内容的遗忘，遵循先快后慢的遗忘规律。人若想让记忆长久保持，就必须及时复习、巩固和强化。

人的记忆具有可操作性。所谓记忆的可操作性，是指记忆的内容可以在大脑中根据个人需要自由地放大、缩小、翻转、概括、加工、改造或整合，从而创造出新的形象和内容。

记忆是想象的源泉，是思维的桥梁，也是习惯的根基。

4. 思维

思维是在感觉、知觉和记忆基础上发展起来的一种更复杂、更高级的认知活动，是人脑对客观事物的本质和规律的认知，是心理发展的最高阶段。思维可分为动作思维、形象思维、抽象思维、复合思维、发散思维、再造性思维和创造性思维等类型。

思维既能够以直接作用于感觉器官的事物为媒介，对没有直接作用于感觉器官的客观事物加以认识，也能够把一类事物的共同属性抽取出来，形成概括性的认识。因此，思维具有间接性和概括性的特点。

思维具有分析、综合、抽象和概括四种基本运作形式：既能将客观事物分解为各个部分或各个属性，又能将客观事物的各个部分、各个属性进行整合；既能将事物的共同属性和本质特征抽取出来，并舍弃其非本质的属性和特征，又能将抽取出来的共同属性和特征结合在一起。

思维是对输入的信息进行更深层次的加工，并揭示事物之间的关系，形成概念，再利用概念进行判断、推理，从而解决人们面临的各种问题。

概念，是思维活动的结果和产物，也是思维活动的基本单元。

思维离不开语言，语言是以语音或文字为物质外壳、以词为基本单位、以语法为构造规则的符号系统。语言具有创造性、结构性、意义性、指代性、社会性和个体性等特征，是人们进行思维活动和交际的工具。

思维是人区别于动物的基本标志，也是习惯形成的核心机制。

5. 需要

人的衣食住行，离不开物质资料的保障；人活着，也离不开社会和环境的加持。无论人在哪一方面存在欠缺，都会导致机体内在的平衡被破坏，此时受到本能的驱动，人就会自动寻求欠缺之物的补偿，以达到内在新的平衡。人的这种对欠缺之物补偿的欲求，就是需要。

需要是有机体内部的一种不平衡状态，表现为有机体对内外环境的欲求。

人的需要可分为自然需要和社会需要、物质需要和精神需要，但自然需要往往都是对物质的需要，社会需要往往都是对精神的需要。

1968 年，美国心理学家马斯洛提出了需要层次理论，他认为，人的需要可分为五个层次：生理的需要、安全的需要、爱和归属的需要、尊重的需要以及自我实现的需要。需要的五个层次，是按照由低到高逐级形成并逐级得以满足的，因而需要是发展的，是一种水涨船高的动态平衡过程。一旦人的一个需要得到满足，就会催生新的需要，推动人去追求新的对象，因此，人的需要永远也不可能得到彻底满足。

需要是推动生命活动的动力和源泉，也是习惯的动力来源。

6. 动机

人的需要产生之后总要获得满足，要满足人的需要就要进行某种活动,去获得满足需要的对象。当一个人意识到自己的需要时,就会去寻找满足需要的对象,这就是动机。

动机是激发个体朝着一定目标活动,并维持这种活动的一种内在的心理活动和内部动力,是构成人类大部分行为的基础。

动机具有激活功能、指向功能、维持和调整功能。

兴趣是一种动机,兴趣的品质有兴趣的倾向性、兴趣的广阔性、兴趣的持久性和兴趣的效能。当人的兴趣不是指向对某种对象的认识,而是指向某种活动时,人的动机就成为人的爱好。

动机有生理动机、社会动机、有意识动机、无意识动机、内在动机和外在动机六大类。

动机是在需要的基础上产生的,是个体唤醒并调动自身的能量寻求需要满足的内驱力,也是习惯的核心驱动力。

7. 情绪和情感

情绪和情感是人对客观外界事物的态度的体验,是人脑对客观外界事物与主体需要之间关系的反映。

情绪和情感指的是同一过程和同一现象。心理学上为了将感情细化和区分,采用了情绪和情感两个概念。情绪指的是感情反映的过程,也就是脑的活动的过程;情感则代表感情的内容,即感情的体验和感受。因此,情感总是通过情绪来表现,情感比情绪具有更大的稳定性、深刻性和持久性。

情绪和情感的外在表现模式是表情,表情既有天生的、不学就会的性质,又有后天模仿学习获得的性质。表情是鉴别人的情绪和情感的主要标志。

情绪和情感是人生存、发展和适应环境的重要手段,具有传递信息、沟通思想的功能，既能对因需要而产生的动机产生放大的增强作用，又能对其他心理活动进行组织和协调。因此，情绪和情感具有适应功能、动机功能、组织功能和信号功能。

情绪和情感具有二元对立的特性。比如，从动力性层面讲，情绪和情感具有增力和减力两极；从激动度层面讲，情感和情感有激动和平静两极；从强度层面讲，情绪和情感具有强和弱两极；从紧张度层面讲，情感和情感具有紧张和轻松两极等。

情绪和情感可分为基本情绪和复合情绪，心境、激情和应激，道德感、美感和理智感等类型。

情绪和情感是人心理活动动力机制的重要组成部分，是个性形成的重要方面，也是习惯的重要表达方式。

8. 意志

意志是指有意识地确立目的，调节支配行动，并通过克服困难和挫折，实现预定目的的心理过程。

受意志支配的行动称为意志行动。因此，意志行动是指有意识、有目的的行动，行动的目的只有通过克服困难和挫折才能达到。

意志与习惯不同，习惯是无意识的、自动自发的行动，因此，习惯不属于意志行动。

意志具有自觉性，能自觉地支配自己的行动，使之服从服务于活动目的；意志具有果断性，能迅速、不失时机地采取决定；意志具有坚韧性，能坚持不懈地克服困难，不逃避不退缩；意志具有自制性，能管理和控制自己的情绪和行动。因此，意志是坚强的代名词，是成功的决定性品质。

习惯虽然不属于意志行动，但意志行动的反复重复和不断强化，却是习惯形成的关键。习惯，本质上就是反复重复的意志行动，内化入潜意识，变成潜意识自动自发的行动的结果。

9. 人格

人格是人各种心理特性的总和，也是各种心理特性的一个相对稳定的组织结构。在不同的时间和地点，人格都影响着一个人的思想、情感和行为，使其具有区别于他人的、独特的心理品质。

人格具有独特性、整体性、稳定性、功能性、自然性和社会性的统一的特性。

人格能决定一个人的生活方式，甚至决定一个人的成败。人格的形成，必然要以神经系统的成熟为基础。

人格的结构，主要有人格的倾向性和人格的心理特征两个方面。需要和动机是人格的动力，它表现了人格的倾向，是人格中最活跃的因素，是人格积极性的源泉。人格的倾向性决定着人对现实的态度，决定着人对认识对象的趋向和选择。而人格的心理特征，则是人的多种心理特点的独特结合，构成了一个人心理面貌的独特性，也说明了心理面貌的个体差异。人格的心理特征包括人的能力、气质和性格。

（1）能力

能力是顺利、有效地完成某种活动所必须具备的心理条件，是人格的一种心理特征。

能力按照发展的高低程度，可分为能力、才能和天才三类；按照结构，可分为一般能力和特殊能力两类；按照所涉及的领域，可分为认知能力、操作能力和社会交往能力三类；按照创造程度，可分为模仿能力、再造能力和创造能力三类。

一般能力，即基础能力，是指从事任何一种活动都必须具备的能力，比如观察力、记忆力、思维力、想象力等，缺乏这些基础能力，人从事任何活动都会有困难。通常情况下，人们将从事任何活动都必须具备的最基本的心理条件，即认识事物并运用知识解决实际问题的能力，叫作智力。在组成智力的各种因素中，思维力是支柱和核心，它代表智力发展水平。正常发展的智力，是人从事任何一种实践活动的基本条件，也是好习惯的基础和核心。

知识是人类社会历史经验的总结和概括；技能是通过练习获得并巩固下来的，是完成活动的动作方式和动作系统。因此，能力不是知识，也不是技能，但能力是掌握知识和技能的前提，决定着掌握知识、技能的方向、速度、巩固的程度和所能达到的水平。相反，知识和技能也能促进能力的发展和提高。

对于个人能力的发展而言，既存在发展水平的差异、能力类型的差异，也存在能力发展早晚的差异；既有遗传因素的影响，也有环境和教育因素的影响。

所以说，发达的社会经济条件和丰富的社会文化生活是能力发展的肥沃土壤；和谐的家庭氛围是能力发展的基石；教育则是能力发展的关键。

（2）气质

气质是心理活动表现在强度、速度、稳定性和灵活性等方面动力性质的心理特征，相当于日常生活中所说的脾气、秉性或性情。

气质是人生而具有的、典型的、稳定的心理活动的动力特征，受神经活动过程的特性所制约。

气质具有感受性、耐受性、反应的敏捷性、可塑性、情绪的兴奋性和指向性等特性，表现在外的就是不同的气质特征。不同气质特征的组合，形成不同类型的气质。通常情况下，人的气质可分为胆汁质、多血质、黏液质和抑郁质四种类型。

气质具有稳定性和可塑性，但并没有好坏之分；气质并不决定一个人成就的高低，但却能影响工作效率；气质影响性格特征形成的难易程度和适应环境的能力，也影响着身心健康。

习惯与人的气质密不可分。不同的气质类型，往往会塑造不同类型的习惯。习惯和气质一样，具有稳定性和可塑性，但习惯有好坏之分，不仅影响工作效率和身心健康，还能决定一个人成就的高低。

(3) 性格

性格是一个人在对现实的稳定的态度和习惯化了的行为方式中表现出来的人格特征。

性格是一种与社会关系最密切的人格特征，是人格的主体，表现了一个人对现实和周围世界的态度。性格有好坏之分，能最直接地反映出一个人的道德风貌。

性格不同于气质，气质更多地体现人格的生物属性，性格则更多地体现人格的社会属性。人与人之间的人格差异，其核心是性格的差异。

性格形成，受遗传因素、社会文化因素、家庭环境因素、早期童年的经验、学校教育因素、自然物理因素和自我调控因素等影响和制约。

人的感觉、知觉、记忆、思维、需要、动机、情绪和情感、意志、能力、气质等个体特质，受到他人、社会、环境的长期影响和作用，最终会统合成相对稳定的个人习惯。个人习惯的统合，决定着个人的性格，而个人的性格，则决定着个人的命运。

叁

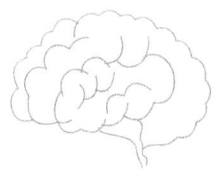

习惯理论篇

第一节　习惯形成理论

1. "隐性"积累理论

隐性是指性质或性状不表现在外的；积累是指逐渐聚集。隐性积累是指缓慢、渐进、不易觉察地逐渐聚集。

整个世界纷繁复杂，随时随地都有大量的刺激作用于人的感觉器官。然而，人的感觉器官和感觉通道的容量是有限的，不可能完全容纳身体内外的所有刺激，能且只能对各种刺激进行有选择地接收和处理。因此，并不是所有作用于感觉器官的刺激我们都能意识到，也不是所有活动都在意识的控制之下。

人瞬间能够接纳和处置信息的有限性，决定了人没有觉察到的心理活动和心理过程不但存在，而且不可避免。

万物都追求有利和有用，趋利避害是人的天性。对于人而言，生命活动总是向对生命有利和有用的方向集中，人的思想和行为也不例外。

人的任何思想和行为，若有用和有利，才能得以保存和延续；若无用和无利，则会被淘汰和抛弃。有用和有利，是思想和行为存在的核心依据。

人的意识和注意具有单一性和排他性，或者说人一次只能做或只能注意一件事。当人把意识和注意力集中到危险、有利或有用事物上时，就不会关注具体的思想和行为，当下的思想和行为易变成"灯下黑"，成为意识和注意力的盲区，因而沦为"隐性"。

人的意识不能觉知的思想和行为，只要反复重复，就会逐渐积累，因此，人的"隐性"积累，总是形成于意识和注意力的盲区。

"隐性"积累，并不是看不见摸不着，而是表现于外、可见可知的积累，只是自我意识不到，没有觉知而已。自我意识不到，并不意味着不可被别人感知；自己不能觉知，也并不意味着别人不能觉知。

被感知觉、意识和注意力所忽略，但对自身有益的思想和行为不断反复重复，逐渐累积，并内化入潜意识，形成自动自发的习惯的过程，称为习惯的"隐性"积累理论。

习惯的隐性积累，是由人的感知觉和意识的反应特性所决定的，或者说是由人注意力的特性所决定的。人的感知觉、意识和注意力，都具有对陌生、特别、怪异、超常信息和刺激敏感，而对熟悉、平常和司空见惯的信息和刺激脱敏的特性。也就是说，对于反复重复、司空见惯的事物，人通常都会选择忽略或淡化，甚至直接视而不见。对可靠安全的事物，人通常都会忽略和淡化，这是人类经过亿万年进化发展证实的直接且高效的本能。

没有"隐性"积累，就没有习惯。人的任何形式的思想、语言、情绪、态度、情感、意志和行为，只要反复重复，就必然会被感知觉、意识和注意力所淡化或忽略，变成对自己而言呈"隐性"的存在，并于不知不觉中变成自己挥之不去的习惯。几乎人的所有习惯，都是通过"隐性"积累形成的，这也是习惯之所以不能自主、顽固而难改的根本原因。

习惯总是形成于"隐性"积累。好的隐性积累成就人，坏的隐性积累损害人。"勿以善小而不为，勿以恶小而为之"，是极具生命价值的观点，也是习惯改变和塑造的基本原则。注重好的"隐性"积累，才能成就好的习惯，这是铁的法则。

隐性积累是习惯形成的核心机制，也是习惯问题的根本所在。

2. 本能固着理论

本能是指人类和动物不学就会的本领，也指机体对外界刺激不知不觉地、无意识地作出反应。本能是生命体存在和发展的基础和保障，如果没有本能，生命将很难很好地长久生存和发展。

固着是指固定、牢固地附着。在心理学上，固着指一种对刺激的保持程度，或不断重复的一种心理模式和思维特征。心理学所讲的固着，通常指功能固着，即把某种功能赋予某种特定事物的倾向。

习惯根植于物质运动，是人合目的行为的外在表现。身体和心灵的各种反应和运动统合为一体，平衡协调稳定之后，就会形成特定的运动形式。特定的运动形式，会慢慢固定并程式化。或者说，生命运动受生命机体的整体主导和控制形成的合目的的运动，合目的的运动反作用于神经系统，塑造出神经系统程式化的主导和控制模式，进而内化入潜意识，就变成了自动自发的习惯。

人和动物都有本能，本能总是承担着特定的功能，并通过特定的反应和行为表现出来。但凡本能，只要相应的信号或刺激出现，反应和行为就必然出现。本能性反应和行为的反复呈现，就会不断被大脑接收并强化，逐渐内化入潜意识，变成自动自发的习惯，这就是习惯的本能固着。本能固着性习惯一旦形成，就会自动自发，即便与本能相关的刺激和信号没有出现，但只要人的大脑想到或意识到有相应的刺激和信号，本能固着性习惯就都会出现。也就是说，本能固着于习惯之后，习惯会使本能泛化，进而影响生命活动的方方面面。

本能会固着于习惯，习惯又会反作用于本能，使人的本能不断强化和发展。因此，本能和习惯会相互促进、共同发展。

本能固着的积极作用，能使人最大可能地避免危险和伤害，使生命安全得到保障。而本能固着的消极作用，就是如果大脑思维紊乱或控制失调，就会泛化到日常生活的方方面面，使人陷入极度恐惧和不安之中，从而破坏正常的生活和工作，影响身心健康，甚至危害他人和社会。

所以说，如果人的大脑机能正常，本能固着性习惯对本能的反作用和强化的程度，就会很小且可控；如果大脑机能异常，那么本能固着性习惯对本能的反作用就会无处不在，甚至会出现失控性泛化，破坏机体内外的平衡，影响身心的健康。各种焦虑症、神经症、抑郁症、恐惧症、疑病症等心理障碍，都是大脑受损或功能异常，导致本能在习惯性行为的支配和作用下泛化失控的结果。

3. 核心需求行为固化理论

核心指中心，是群体中的主要部分；需求指因需要而产生的要求；核心需求指维系生命当下最切合自身存在和发展的核心保障性需求。

行为泛指有机体对所处情境的所有反应的总和，包括内在的和外在的、生理性的和心理性的反应；固化，化学上是指物质从低分子转变为高分子的过程，也指对事物形成某种固定看法、观点的过程；行为固化指人的特定行为，经过反复重复和强化而逐渐固定化和程式化的过程。

核心需求行为固化，指人因维系生命当下最切合自身存在和发展的核心保障性需求而催生的特定行为，经过反复重复和强化而逐渐固定化和程式化的过程。

人的需求多种多样，按照马斯洛的需求层次理论，人的需求可分为生理需求、安全需求、爱和归属需求、尊重需求和自我实现需求五个层次。马斯洛认为，人的需求的五个层次，是一个从低级到高级逐级形成并逐级得以满足的。低层级的需要得到满足，就会催生高层级的需求，人的需求永远也不可能得到完全彻底的满足。

不同的人，在不同的时期，会有不同的核心需求：有的是生理需求中的任何一种，有的是功名利禄中的任一方面，有的是安全感，有的是爱，有的是归属感，有的是尊重，也有的是自我实现等。

人的生命是一个周期性循环、渐进式变化的过程。人的核心需求，是维系生命当下最切合自身存在和发展的核心保障性需求，也必然与人的生命一样，是一个周期性循环、渐进式变化的过程。也就是说，人的核心需求是一种复杂系统的需求，不是一次满足就不再存在的需求，而是"需求—满足—再需求—再满足"的渐进式循环、螺旋式上升的过程。

人的任何一种核心需求，都会催生一套满足需求的简单、高效、程式化的思想、语言和行为模式。核心需求的循环往复性和螺旋上升性，决定了其催生的思想、语言和行为模式必然会反复呈现、反复循环。反复和循环，是人类学习的基本程式。人的任何形式的反复和循环，最终都会逐渐内化入潜意识，变成一种自动自发的心理运转模式。自动自发的心理运转模式，就是习惯的行为模式。这种因核心需求的满足而催生的程式化的思想、语言和行为模式，逐渐内化入潜意识，形成特定习惯的过程，称为核心需求的行为固化，这套理论就是习惯的核心需求行为固化理论。

人的习惯几乎都源于需求满足所催生的思想、语言和行为模式的固化，因此，习惯的核心需求行为固化理论，也可称为习惯的需求成就理论。

根据习惯的核心需求行为固化理论和马斯洛的需求层次理论，我们完全有理由认为：核心习惯源于生理需求的满足和追求；核心习惯成于安全需要的满足与追求；核心习惯成于爱和归属感需求的满足和追求；核心习惯成于尊重的满足和追求；核心习惯成于自我实现需求的追求和满足。

人的需求的层级性决定了低层级的需求满足之后，就会自然而然地追求更高一级的需求满足。人低层次需求的满足，会形成相应低层次的行为习惯。在低层次行为习惯实现了低层次的需求满足之后，就会自然而然地追求高层次需求的满足，并催生与之相对应的行为，形成相对应的特定习惯。所以说，人的习惯并不是一成不变的，而是会随着核心需求的改变发生新的改变。

但凡生命，都具有一种突破一切困难、挫折和障碍而生存和延续的活力，这种活力就是生命力。生命力是生命改变和适应环境的核心力量。习惯则是生命生存适应的一种程式化行为的反应固化。

习惯是在无意识之中自然而然养成的，因此，习惯是一生命体生命之初活着和经历中最重要且不可替代的理想模式，或者说，生命体就是因形成习惯的行为而存在并长大的，并因此而化成了习惯。习惯是生命最核心的保护神，无论是好习惯还是坏习惯。孔子说："少成若天性，习惯成自然。"自然成习惯，习惯成自然，既然是自然，就最契合生命活着的需要。既然当下最契合活着的需要，当然就不愿意改变，除非选择不让自己舒适或惬意。

本质上，生命在无意识和自然状态中养成的习惯，好坏并不由生命意识和本能所决定，而是由外在客观性标准来决定。生命在诞生之初，并不能知晓自身行为的好坏。为了能活着，同时也为了能活得更好，他们并不会选择好的行为来遵从，只能依据需要和本能，怎么好就怎么来，怎么活着舒适、轻松、简单就怎么做。生命只是依据本能和需要来产生行为、固化习惯，而不是根据行为好坏来满足本能的需要，更不会因习惯的好坏而违逆自身的本能和需要，让生命活得不如意、痛苦或无助。

需求催生行为，行为塑造习惯。因此，习惯来自需求满足的行为，习惯自然有特定的存在意义和价值。习惯的根在于需求，而不是行为和习惯本身。只有抓住需求这一根本，才能牢牢主宰习惯。

改变习惯必须从习惯所赖以存在的内在需求着手，而不是支撑和强化习惯的行为。行为改变能动摇习惯，但总是治标不治本。需求只要一变，行为就自然跟着改变，习惯就从根本上丧失了根基和依托。没有了根基源源不断地提供营养，任何习惯都将无法存在，都会慢慢弱化并消失。因此，改变习惯必须从根本入手，才能一劳永逸；如果从现象入手，则往往事倍功半，难有成效。

不同时期的不同核心需求，固化成不同的习惯。找到了人的核心需求，也就找到了核心习惯的根。改变或调整核心需求，核心习惯就会跟着改变。

4. 信仰功能理论

信仰是指对某种宗教或主义极度信服和尊重，并以之为行动的准则和指导。

人的思想决定人的行动，人的精神主宰人的未来。而人精神的主宰，则是信仰。因此，信仰既决定人的行动，主宰人的精神，也决定人的未来。

信仰作为一个人灵魂式的存在，必然会推动人产生一系列的思想和行动。信仰的持久性和主宰性，决定了因信仰而产生的思想和行为必然会反复呈现，循环运转。任何一个人，但凡反复呈现的思想和行为，慢慢都会内化入潜意识，变成潜意识特定的、自动自发的运作模式，这就是习惯。因此，任何信仰都必定催生特定的思想和行为，特定思想和行为的反复重复必定内化入潜意识变成特定的习惯。

人的信仰一旦形成，就根深蒂固，很难改变。因此，由信仰而催生的习惯，通常都会伴随人的一生，几乎不会改变。

功能是指有特定结构的事物或系统，在内部及外部的联系和关系中，表现出来的特性和能力。

自然界中没有无用之物，世界不生无用之人。自然万物都有特定的特性和能力，都有各自独特的功用。

人的生存，离不开习惯。生命就是习惯的呈现，没有习惯，就无以为人。既然习惯与人相依相生，那么习惯自然有其特定的价值和功用。

人的习惯是心理和精神程式化自觉的寄托，是生命常态化的皈依，具有填充空虚、排解寂寞的功能，具有存在意义和存在价值的自觉功能。习惯能给人安全感，给人充实感，能让人的意识有所驻、心念有所归、思想有所定、行为有所依、精神有所安。

人若没有对习惯的自觉无意识地皈依，生命将变得混乱、空虚、无意义。从某种程度上讲，一个人的习惯就是他生命的全部意义和价值所在。

总而言之，人的信仰主导思想和精神，思想和精神主导需求，需求主导行为，行为主导、成就习惯。反过来，人的习惯决定无意识的行为，无意识的行为满足内在的需求，内在需求的满足滋养了思想和精神，思想和精神强化了信仰。如此正反循环强化，将人的信仰和习惯牢牢地融合于一体，互相影响，互相成就。

所以说，信仰一定会形成特定的习惯；相反，特定的习惯又会反作用于信仰，使信仰得到强化和发展，这就是习惯的信仰功能理论。

好习惯成就人，坏习惯损害人，人总是成也习惯，败也习惯。习惯对每一个人而言都不可或缺，改变了一个人的习惯，也就改变了一个人。

信仰能改变人内在的需求，内在需求的改变催生外在行为的改变，外在行为的改变推动习惯的改变。

反过来讲，改变一个人的习惯，往往就意味着信仰的改变，而一个人改变信仰，就是精神的革命。因此，习惯改变的过程，就是典型的自我革新、自我革命的过程。

行善积德的本质，就是人通过反复行善积德的行为，养成相对应的好习惯，进而改变或丰盈他的信仰。习惯决定性格，性格决定命运，因此，行善积德是真正改命的有效方法。

与信仰相反，但具有信仰功能的是迷信。因迷信而催生的习惯，同样根深蒂固，难以改变。除非破除迷信，否则习惯不会改变。

5. 意志决定理论

意志是指有意识地确立目的、调节和支配行动，并通过克服困难和挫折，实现预定目的的心理过程。

意志力是指一个人能长时间地保持充沛的精力，克服各种困难，向既定目标奋斗的品质。意志力需要明确的目标来维系，需要积极主动来培养，需要逐步积累来增强，需要不断成功来浇灌。人的一切失败，都源于意志力薄弱；一切成功，都源于意志力强大。意志力强的人，能够通过有意识地控制和努力，战胜坏习惯的干扰和破坏，取得特定的成功。意志力差的人，总是被坏习惯控制和左右，因此只能屈服于坏习惯，并受坏习惯的摆布。因此，可以说，成功总是源于意志力与好习惯的契合，失败总是源于意志力与好习惯的相悖。

人的意志总要通过行动得以表现。受意志支配、有意识、有目的，并通过克服困难和挫折的行动，称为意志行动；反之，则称为非意志行动。

人的意志决定着意志力的强弱，主宰着意志行动，决定着坚持什么和做什么。而意志力强弱，最终体现的就是坚持力的强弱。坚持力越强，意志力越强；坚持力越弱，意志力越弱。人的习惯总是需要特定思维和行为模式的长期积累和反复的重复，其核心机制就是同样的事情反复做、长期做、坚持做。意志力强的人，其意志行动力就强，意志行动长期反复重复，就会变成相对应的习惯，即好习惯；意志力弱的人，其意志行动力弱，缺乏意识对行动的支配和调节，缺乏行动的目标，更加缺乏克服困难和挫折的能力，其思想和行为体现为非意志行动，非意志行动长期反复重复，也会形成相对应的习惯，即坏习惯。

意志会通过特定的行为变成习惯。意志力强，意志行动会逐渐形成好习惯；意志力弱，非意志行动会逐渐形成坏习惯。意志对好坏习惯的形成具有直接的支配和决定作用，这就是习惯的意志决定理论。

意志决定习惯，习惯同样会反作用于意志。意志行动成就好习惯，好习惯反过来会强化意志，让人意志更强大；非意志行动成就坏习惯，坏习惯反过来也会弱化意志，使人意志更加薄弱。

习惯既不需要确立目标、调节并支配行动，也不需要克服困难和挫折，由于其自动自发，因而总是呈现无意识、自然而然的特征。习惯是生命最省力、最经济、最高效的行为模式，由于不受意识控制，所以意志也无法施加影响。意志并不适用于习惯性的行为，只能适用于有计划、有目的、有意识的行为。习惯消磨意志，意志回避习惯。除非好习惯加强意志行为，否则习惯总是与意志格格不入，这就是好习惯的重要性。

意志能改变习惯，习惯能成就意志，也能破坏意志。习惯，是意志的克星，也是意志的朋友。习惯与意志相合，就是意志的朋友；习惯与意志相悖，就是意志的敌人。简而言之，好习惯能强大意志，坏习惯会消磨意志。有的人初期意志薄弱，慢慢会变得意志坚强，原因就是好习惯强化意志的结果；相反，有的人初期意志坚强，慢慢消极颓废，原因也就是坏习惯消磨意志的结果。一个人要想自立自强，要想成功，就必须克服坏习惯，养成好习惯，因为成功与意志密切相关。而要想意志坚强，就一定要避免坏习惯对意志的消磨，否则，成功也会转化为失败。

性格是一个人在对现实的稳定态度和习惯化了的行为方式中表现出来的人格特征。人的习惯性行为具有稳定性和规律性，决定一个人的态度、行为和整体倾向，因而对性格具有直接的决定作用。性格根植于习惯，意识和意志根植于需求和利害。只有需求与习惯相契合时，意识和意志行为才能与习惯性的行为相互强化融合，形成一个人合于性格的努力和追求。如果需求与习惯相悖，意识和意志行为与习惯性的行为不相合甚至相互克制，那么意志和习惯就会有强烈的矛盾和冲突，致使人的行为错乱无序，内耗折损严重，进而出现与性格相悖的努力和追求，招致无穷的麻烦、痛苦、挫折和失败。

总而言之，人的意志决定行为，行为决定习惯，习惯决定性格，性格决定命运。

第二节　习惯改变理论

1. 替代补偿改变理论

替代即代替，指以甲换乙，起乙的作用。补偿是指补足欠缺和差额，抵消损失和消耗。替代补偿是指用更好更优良的事物替代原事物，达到找差补欠、抵消损失和消耗的过程。

习惯有好坏之分，好习惯源于生命对客观规律的遵循，坏习惯则源于生命对客观规律的违逆。生命生存反应和选择具有主观性和环境的特殊性，生命对客观规律是遵从或违逆，往往取决于生命生存和发展的现实性需要，而不是主观本能。现实需要合乎规律，就能塑造好习惯；现实需要违逆规律，就会养成坏习惯。活着，才是生命的王道，习惯总是因活着而存在，并因活着而改变和发展。

人的习惯决定了人的选择，也决定了人的未来。好习惯为自己创造了天堂，坏习惯则为自己制造了地狱。人的坏习惯，最终会成为囚禁和折磨自己的地狱。

人的坏习惯属于典型的自损自毁模式，或者称之为自虐程序、自苦模式、自损循环。人一旦养成了坏习惯，就等于拥有了顽固且自动自发的自虐程序，这个程序会使人对外界的人、事、物采取断章取义或移花接木的方式，从中寻找并制造自虐程序的触发信号，并自以为是地开启自虐程序。人的自虐程序一旦启动，就会产生极端严重的注意力盲区，使人在不知不觉中错过或丢掉珍贵的东西，包括自己。自虐程序会杀死人的理性和智慧，也会害苦自己和他人。自虐程序是思维的负能量循环模式，也是思维的死循环模式。自虐程序无穷无尽，总会让人精疲力竭，甚至自弃自毁。

好习惯增益生命，坏习惯损害生命，但人并不会因习惯对生命的增益或损害而轻易改变它。习惯总是形成容易改变难，大多数人总是宁愿毁于坏习惯也不愿意改变坏习惯，主要原因就是，没有了习惯，人将无法生存。因此，直接将坏习惯从生命中拿掉，显然是不可能的，因为那样就如同要了人的命，人为了活命，就一定会死死地抓住坏习惯不放。所以说，在一个替代性的好习惯养成之前，就必须让坏习惯存在且不要去触碰它，否则，坏习惯必将成为好习惯养成的难以克服的障碍，总能轻易将好习惯消灭在萌芽状态。所以说，习惯无法正本清源，只能用智慧来拨乱反正，去损避害，养正保身。习惯无法从本源上解决好坏的问题，却能通过后天努力解决好坏的问题。

习惯是人潜意识的记忆，无法擦除，不能撼动，不能根除，只能替代。人永远根除不了旧习惯，只能用新的习惯替代，把旧习惯封存起来，丢到被遗忘的角落，使之不能彰显，不能兴风作浪，不能对人施加影响。

用一种新的、有益身心健康和进步成长的好习惯，替代旧的、有损身心健康和进步成长的坏习惯，实现找差补欠、抵消损害、补偿损耗的目标，这就是习惯的替代补偿，也称习惯替代补偿理论。

习惯具有不可或缺性，人不可能没有习惯，没有习惯就不能成为人。强行将一个坏习惯从一个人身上改掉或消除，而没有新的习惯替代填补旧习惯的位置，是不可能达成目标的，因为没有人能真正把坏习惯从自己的潜意识中清除。习惯的改变本质就是习惯的替代补偿，即用新习惯来替代旧习惯。替代之后的习惯依然是习惯。

没有新习惯的替代，就不可能有旧习惯的弱化和消失，这是习惯改变的核心机理。

没有新习惯的替代，强行中止或改变旧习惯，一定会让旧习惯更加强大，更加顽固不可改变。因此，改变习惯不能强制，不能直接干预，只能曲线救国，只能自觉、自主和自愿。

谁掌控了习惯，谁就主宰了命运；谁被习惯掌控，谁就沦为习惯的奴隶和牺牲品。人的好坏、善恶、成功与失败，都与习惯的好坏有直接关系。没有人能摆脱习惯对生命的影响和控制，但却能通过智慧和努力，让好习惯来影响和掌控生命。因此，人必须要学习提升，修炼完善，这是生命幸福圆满的必由之路。

2. 循环中断改变理论

循环是指顺着环形的轨道旋转，指事物周而复始的运动或变化。中断是指中途停止或断绝。循环中断是指事物周而复始的运动或变化中途停止或断绝。

但凡循环必定是由一个接一个运动或变化的链环首尾接力，形成一个完整闭合循环链的过程。在循环的运动或变化过程中，只要中断停止或断绝其中任何一个链环，循环都会受到阻断，导致循环因失去动力而消失。

人的习惯是以本能、需求、信仰、意志和行为等为内核的层层相扣的闭合循环，是潜意识主导下的自觉无意识的循环性联动。构成习惯的各种因子，组成习惯循环系统中的一个又一个接力链环。

人的好习惯多多益善，并不需要改变；而人的坏习惯则越少越好，哪怕只有一个坏习惯，也需要改变。

巴甫洛夫认为，动力定型是习惯形成的生理基础。动力定型的破坏会引起人消极的情绪反应。例如，一个人有午睡的习惯，一旦因为特殊原因不能午睡，整个下午他都可能觉得不舒服，不开心。巴甫洛夫所说的动力定型的破坏，本质就是习惯循环链的中断。人的习惯被中断停止，也会引发消极情绪反应，这是习惯改变过程中不得不重视且需重点克服的问题。

人的潜意识活动具有连续性和强大的惯性。习惯的打破，往往意味着潜意识秩序的阻滞或中断，潜意识秩序一旦被打破，就会造成潜意识的混乱和连续的无目的性，反应在外就是人极度不舒服和烦躁，情绪低落，精神不振，这都是人潜意识受到干扰而失序混乱的结果。

人区别于动物的根本标志，是有思想、有意识、有主观能动性。人的思想、意识和主观能动性，使人能够反观和剖析自己的思想和行为，更能管理和控制自己的思想和行为。因此，人完全有能力随时中断停止自身习惯的循环链，达到中断停止习惯性行为的目标。

人运用自身的思想、意识和主观能动性，通过对特定坏习惯的循环链进行管理和控制，中断停止循环链上的任何一个环节，打破习惯循环链之间的能量接力，使坏习惯的循环因动力消失而中断停止，达到停止并改变坏习惯的目标，这就是习惯的循环中断改变理论。

习惯也遵循用进废退规律，总因重复而强化，因中断而削弱。当经常被中断、不能重复时，坏习惯就会自然而然地慢慢弱化并消失。

只要人运用思想、意识和主观能动性，用意识来主导并控制循环链，通过对其中一个或多个环节进行中断性控制，迫使循环中断，联动的惯性力就会消失，习惯就会停止。反复重复，习惯就会慢慢弱化并消失，从而达到改变习惯的目标。

所以说，运用循环中断改变理论来改变坏习惯，需要反复重复，循序渐进，持续坚持。只要坚持时间足够长，就没有改变不了的坏习惯。如果"三天打鱼，两天晒网"，或者一日曝十日寒，那么坏习惯就会如同恶魔一般挥之不去，想改变也没有可能。

人的交感神经系统促进血液流向肌肉，以便随时应付突发的状况。副交感神经系统则能让人静下来，允许血液进入肠道消化吸收养分，让心率恢复正常，呼吸变得平缓。不良习惯的改变，更多的是调用副交感神经系统，让人从紧张、应激和对抗的状态中解脱出来，回归内在的平静和安详，进而通过缓和的方式，让旧习惯的循环中断，新习惯的循环强化。天长日久，旧习惯就会慢慢弱化，新习惯就会慢慢增强，习惯改变就获得了成功。

3. 意识控管改变理论

意识是对身心系统具有统合、管理和调节作用的高级神经活动，是人脑的机能，是思想的旗帜，是内在的觉知。控管即监控和管理。意识控管是指用意识进行监控和管理。

人的意识具有对熟悉和反复出现的事物逐步适应和淡化的功能。任何事物，只要频繁出现或重复（往往就意味着安全无危险，人也就没必要再提防或小心翼翼，因此人就本能地将时间和精力用在危险或具有潜在危险的事物上），就会变得越来越无趣，意识对之也就越来越适应，越来越内卷，最终会因为内卷同化而熟视无睹，视而不见。习惯就是个体频繁重复的行为，不断被意识内卷同化，进入潜意识，形成意识视而不见的日常惯例的结果。

意识是生命能量集中指向的具体化。人的日常生理活动，并不直接接受意识主导，而是受潜意识的主导和控制。但人的学习、工作和创造等，则必须借助意识的努力，但最终必然会因意识引导的神经网络的结构化，将相关内容化入潜意识之中，形成无须意识努力的自主自觉行为。

习惯就是生命能量潜意识的集中指向并具体化。人的世界，是意识构建的世界；人的意识，就是生命的能量场；人的习惯，就是人能量集中反复重复内化于潜意识、具有循环特性的特定行为。

习惯属于潜意识范畴，但并不受意识控管。习惯无意识，意识无习惯。习惯与意识并不同时登台表演，总是一方登台，另一方谢幕，并不以人的意志为转移。正因为习惯的去意识化，人才可以在习惯呈现的同时，能从事与习惯无关的意识活动。

习惯形成于意识能量的转化，但习惯对意识具有能动的反作用。当意识能量与习惯性的能量集中相合时，就会强化习惯；当意识能量与习惯性的能量集中相悖时，就会弱化习惯。也就是说，意识能成就习惯，同样也能中断或改变习惯。

由于习惯属于潜意识范畴，因此，如果想要用意识来中断或改变习惯，就必须将习惯纳入意识的范畴，调动意识能量，对之进行影响和改造，这就是习惯的意识化。习惯性行为的意识化，就是将习惯性行为由意识性内隐变成意识性外显的过程。没有意识对习惯性行为进行外显性控管，就没有习惯的改变。因此，将习惯意识化，是习惯改变的第一步。

运用人的思想、智慧和主观能动性，将特定的习惯性行为过程细化、分解和显化，纳入意识控管范畴，随时随地用意识监控和管理习惯的一举一动，及时中断或停止习惯性行为，反复重复，达到弱化并改变习惯的目标，这就是习惯的意识控管改变理论。

当意识对习惯性行为进行控管时，习惯性行为将不再是纯粹的习惯性行为，而是属于意识化的行为。意识化的行为不是习惯，所以，用意识控管习惯，就等于操纵了习惯，也等于对习惯实施了意识化的改造。

将习惯性行为显化并进行有效监控和管理，是习惯改变的必然选择。不能将习惯性行为显化，或者显化之后不用意识对之进行有效控管，就注定改变不了坏习惯，也不可能养成好习惯。

4. 核心主导改变理论

核心是指中心或群体中的主要部分。主导是指起主导作用的事物，或指主要的并且引导事物向某方面发展的因素。核心主导是指事物的核心对其附属部分起主导性的影响和作用。

太阳系有一个核心，即太阳的重力中心点；地球有一个核心，即地球的重力中心点；国家有一个核心，即国家元首；团队或集体有一个核心，即团队或集体的实际控制人；家庭有一个核心，即家庭的实际主导者；个人有一个核心，即大脑。任何事物都有一个核心，有核心才有秩序，有秩序才能稳定；任何事物都有一个主导，有主导才有方向，有主导才有发展，有主导才有未来。如果事物核心涣散，则必趋于混乱；主导缺失，必趋于解体。

核心主导是自然万物共同遵循的存在和发展模式。核心体现在特定事物上，就是事物的整体统一性。任何一个生物体都是有机统一的整体。整体的统一性，是生物体不可割裂的神性。

人和习惯是一个整体，习惯是人的产物，但人不是习惯的产物，主次不能颠倒，角色也不能混淆。如果从遗传基因和生命活动角度来考量，习惯就是生命个体基因密码与外界环境互动融合后的程式化行为模式。习惯最初一定是最有利于生命生存和发展的，但随着生命的成长发展、周围环境的变化和文化的发展，习惯会出现种种不合时宜和适应不良的情况，于是就有了好习惯和坏习惯之分。

生物性是习惯的根本属性。生物体都是物质且灵动的，因此习惯也具有物质和灵动的双重特性。习惯不是冰冷僵死的文字概念或教条，也不是特定的标签，而是有温度、有灵性、活生生的、充满生命力的生命活动。

理性不是习惯，感性也不是习惯，理性与感性并存、呈现生命活力和存在的行为才是习惯。

客观存在的事物，如果核心或整体不变，那么附属部分也难以影响大局；如果核心或整体改变，那么附属部分就会立即跟着改变。习惯的生物性、整体性和灵动性，决定了人如果想要改变不良习惯，就必须从核心和整体入手，遵循核心主导原则，这就是习惯的核心主导改变理论。

人的思想、语言、情绪态度和行为，如果没有大脑的指令，那么必然陷入混乱，没有任何意义和价值。因此，核心主导改变，体现在个人层面上，就是自觉主动地改变，也只有自觉主动地改变，才能实现真正的改变。如果消极被动，那么什么样的习惯也改不掉，也不可能改变。

习惯只是人的一种行为模式，并不是人的全部，人为地将习惯与人割裂开，既不恰当，也不可能。如果只针对习惯来改变习惯，既不科学也没有道理。习惯的改变，是主体改变带动习惯的改变，而不是习惯的改变带动主体的改变。没有主体的主动改变，想改变任何习惯都不可能取得成功。

核心主导改变，体现在群体层面上，就是单位和群体的实际控制者发生改变，由此来主导群体实现真正的改变。如果实际控制者没有任何改变，那么无论部属怎么变，都很难有成效；而实际控制者一旦开始转变，那么部属就会第一时间跟着调整和转变，改变的效应往往是风暴式的。

任何人都是一个独立且完整的生命体，都有思想、有智慧、有主观能动性。任何人自觉主动地改变，都能突破群体核心主导因素的制约，实现自我改变的目标。消极被动、随波逐流的人，会跟着别人的变化而改变，而当别人的影响力消失时，自己瞬间就恢复原状。所以说，习惯的改变，必须是自己主导自觉主动，才能真正改变；任何被动或逼迫情况下产生的改变，一旦外部控制力量消失，就会瞬间恢复原形。

肆

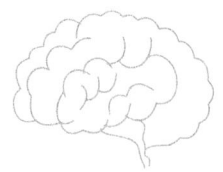

习惯探索篇

第一节　本能、潜意识和习惯

所谓本能，是指人类或动物不学就会的本领，也指机体对外界刺激不知不觉地、无意识地做出反应。

人由远古的类人猿进化而来，基因所传承的本能几乎都是动物性本能。

马克思说："人的本质，是一切社会关系的总和。"人的社会属性决定自然属性，一个人是什么样的人，具有什么样的本质和品性，并不取决于机体状况，而是取决于人的社会关系。人之所以为人，就是因为超越了动物性本能。如果人被自身的动物性本能所支配，那么就是纯粹的人形动物，并不能称为真正意义上的人。依从人的本能而生存，结局必然是失败的、痛苦的、为社会所不容的，甚至是危害他人和社会的。人若想在社会上很好地生存，就必须压制和削弱自我的生物性本能，使自己的言行举止、情绪态度、习惯模式与社会、群体、道德、规范和环境相协调，这是不以人的意志为转移的，任何人也不可回避。

社会的传统、习俗、文明、文化、伦理、道德、法律法规、社会规则和规范等，都是人社会化的工具和载体，都是为了控制和削弱人的动物性本能，使人逐渐脱离动物的习性，成为真正意义上的人。

人的社会化，本质就是对人的潜意识的培养和塑造。潜意识是指潜藏于人的内心深处，即便在清醒状态下也不能认识和觉知，但却自动自发运转的心理活动过程。人的习惯，本质就是内化入潜意识的程式化的思维方式和行为模式。

习惯是指人在长时期里逐渐养成的，一时不容易改变的行为、倾向和社会风尚。习惯有好坏之分，好习惯是指合于真、善、美的社会化习惯，坏习惯则是指受假、丑、恶支配的不良习性。因此，好习惯既是社会的，又是大众的；既是道德的，又是真、善、美的；不是与生俱来的，而是后天教育、培养和塑造而来的。所以说，人后天的教育和培养，后天良好习惯的训练和塑造，是人之所以成为人的根本要素，也是人区别于动物的根本标志。完全可以说，好习惯是人生的重要保障和护身符，它能有效地促使人进步和发展，最大限度地减灾避祸，使人获得事业上的成功，成就人生的幸福美满。一个没有好习惯的人，必定痛苦无助，甚至危害自己、危害家庭、危害他人，严重的还会危害社会。

人是社会性的，个人的独立只是适应社会的相对独立，完全独立的人是不存在的，也是无法正常生存的。趋乐避苦是人的天性。社会化，是对人天性的改造，触及人的动物性本能，因而总是会让人不舒服、不适应、不习惯，甚至痛苦。然而，但凡对人有益或人性中真、善、美的习惯和模式，其培养或塑造往往需要人的理性、意识、意志和智慧力量，更需要克制人的本能，因而并不总是让人开心快乐，甚至是让人痛苦不堪的。所以说人的所谓好习惯，几乎都是违背人生命本能的，如果不用外力和智慧，不用意志和理性，想养成好习惯，可能性将非常之小。但凡能够使人成功和成长进步、生活舒适的好习惯，自然是与社会文明、社会群体规则和规范、伦理道德和社会环境等相一致的。

由此可见，人类好习惯的培养和塑造，是人摆脱动物性本能的束缚，成为真正的文明人、社会人的核心渠道，任何人也不能例外。既然习惯的培养和塑造是人生的必然过程和任务，那么抗拒、排斥、消极对待、逃避和自我防御是没有意义的。与其早晚必须要那么做，就不如早培养。早塑造，早受益，这才是培养和训练好习惯最正确、最顺应潮流、最适应人生的态度。

一个人新习惯的培养和训练，并不是单纯地培养和塑造新习惯，而是一个作息习惯、休闲习惯、意志力和潜意识系统的重新排列组合并逐渐强化的过程。

对于一个人来讲，真正完全属于自己的时间和空间，往往是休息和玩乐的时间和空间，这些独立特殊的时间和空间，恰恰是一个人的私密时间和空间，是不需要动脑筋、不需要付出和努力，完全依赖习惯和本能运行的时间和空间，同时也是一个人最快乐、最轻松、最自由、最享受的时间和空间。这样的时间和空间，对于一个人来说太珍贵、太无法割舍了，而且是每一个人都不希望被其他人干扰和影响的时间和空间。在这样的时间和空间里，是没有新习惯的位置的，更不可能让新习惯无端插入、打破原有的平衡、和谐和宁静。

新习惯的训练需要一个完全能够自由支配的时间和空间，必须是避开工作、生活、学习及日常事务，完全属于自己的时间。因为一个人哪怕是理性再强、意识再清醒、智慧再高，也不可能做到让自己的身心提前为新习惯准备好时间和空间并接纳它的存在。否则，新习惯根本就无须训练，用人的意识、理性和智慧，直接植入潜意识就行了，但这是根本不可能的。所以，在人身心没有完全准备好的情况下，新习惯的训练和插入无疑会从根本上打破身心内在的平衡和外界的宁静。

当然，人都有一个共同的特性，那就是对新、奇、怪、异的东西感兴趣和好奇的本能。当人的新习惯突然插入日常生活之后，由于身心之中突然出现新生力量而倍感兴奋和好奇，新习惯的存在会因没有阻抗而得到身心的接纳，行动力加强，使新习惯的训练格外有力和高效，这也是人在开始做事时，总是信心满满、效率高的根本原因。

  人的感知觉系统包括神经系统，都具有对相同刺激的反应不断弱化的特性。当人身心的新鲜感消失，相关的兴趣和兴奋动力减弱之后，如果新习惯的训练还一直进行，那么身心会因无法与新习惯相融而出现本能地抗拒、排斥和自我防御，并引发身心强烈且持久的不适反应。同时，因固有习惯模式和本能时钟规律被打乱，受惯性和本能的驱使，身心总是要恢复原来的习惯性状态。习惯和本能的惯性力，是一种潜意识的力量，是自动自发的。潜意识自动自发的行为，总是身心统一协调行动的结果，是完全在状态的紧密配合，是一种完全协调和谐的身心反应系统。而人的习惯训练则是意识层面的、理性的和智慧的，是人强制调动身心的力量而进行的能动性活动，因而身体的综合系统并不是完全接纳的，更不是完全配合和进入状态的，所以新习惯的培养和训练，永远无法与潜意识习惯和本能相抗衡。当人的身心被新习惯的突然插入而打乱，本能地产生抗拒、排斥和防御反应而出现强烈不适反应时，人的意识往往很难突破这道屏障。此时，人最需要做的，就是克服困难和阻力，坚持训练不间断。

  尤其是人们在新习惯培养和训练过程中因身体劳累、内心不喜欢、不快乐、不愿意去做，导致身体异常不舒服时，就会更加强化潜意识的阻力和排斥力，加重身体的不适感。这个时候，才是新习惯培养和训练阻力最大、最艰难、最易中断和反复、最难克服和坚持的阶段。几乎所有习惯的培养和训练遭遇失败，都是在这个阶段发生的。在这个阶段，任何形式对习惯和本能的妥协和破例，对人的意志力都是一个致命的打击和考验，因为只要能妥协一次，破例一次，潜意识的阻抗力量就被强化一次，也就意味着潜意识找到了克服新习惯的突破口，那么下次再妥协、再破例就变得简单容易了。

  在最困难的阶段咬牙坚持，在身心反应最强烈的时候仍然能调整和控制自己，坚持不放弃，那么，当身体无法抗拒新习惯的力量和存在时，它就会本能地调整内在系统，来适应这个强大且无法赶走的新生力量，于是人的身心就开始逐渐接纳这个新习惯，潜意识便开始受到新习惯的影响和渗透，新习惯的作用开始显现。所以说，任何新习惯的形成，都是与身体潜意识抗争的结果。身体只要无法抗拒，则必须选择适应和接纳，这是人的本能。

人的习惯和潜意识的意念，同样遵循强者生存、优胜劣汰的自然法则。当人的潜意识开始接纳新习惯，身体系统自动调整和适应新的模式系统时，人的新习惯就真正诞生了，而且想赶也赶不走。

新习惯一旦在人的潜意识里扎根，便会成为潜意识的一部分，终生影响和作用于人，这就是习惯培养的最大价值，也是改变命运的根本和核心。

一个人若能通过努力养成一个新习惯，那么他就拥有掌控自我的能力，他的意志力、理性和智慧因得到锻炼和考验而增强，这样的人要超越自我就绝非难事了。

习惯的培养和训练，是一个综合系统的身体适应再调整过程，是一个人战胜自我、增强能力、获得成功的最佳手段。

人能战胜自我，就能征服世界。

第二节　人的惯性

所谓惯性，是指事物保持自身运动状态或静止状态的性质，如行驶的车辆刹车后不能马上停止前进，静止的物体不受外力作用就不改变位置等。

世界上万事万物都有惯性，惯性是事物固有的属性。人是宇宙万物的一员，因此，人自然也有惯性。遵循万物惯性原理，对于人的生命具有极高的价值和功用。

人的思想、语言、情绪、态度、情感、意志和行为等都有惯性，都会动起来不容易停下来，静下来不容易动起来。人身心固有惯性的统合并程式化，就是习惯。习惯一旦形成，就会相当稳定，轻易不会发生实质性的改变。

人是环境的产物，环境改变人。无论是谁，只要他所处的环境不变，接触的群体层次不变，那么想改变是很困难的。人是自我的世界，自我主导一切。一个非常顽固的人，一旦进入一个新的环境、新的群体，他都会自动调整并改变自己，以适应新的环境和人群。因此，一个人若想改变命运，就要先改变自己所处的环境，然后再改变自己融入群体的层次，通过外界的改变触发内在的变化，进而实现自我人生及命运的改变。通常情况下，让一个人自我加压、自我下决心来改变自己固有的习惯，是极端困难的，但外界环境和融入群体的改变将以令其震撼和无条件渗透的力量迫使他不得不调整和改变。所以说，习惯的改变，是一种环境或群体倒逼主动式改变，而不是一厢情愿地自我刻意或外人强制式改变。

习惯的形成，是人的整体惯性综合、缓慢、快乐、无障碍、渐进渗透和自觉主动的过程。改变习惯，既不能单一、快速和设置障碍，也不能刻意强加和消极被动，否则非但没有效果，反而徒增痛苦、煎熬和麻烦，最终"竹篮打水一场空"，白费时间和精力。通常情况下，人的不良习惯，越刻意改变越难改变，越强制改变越顽固不能改变。为什么呢？因为人固有的思维模式和行为习惯，就是人生命的内容，就是人性格的组成部分，就是人自我标志性的存在。如果强行改变，往往就意味着生命的抽空、性格的变化和自我存在标志的丧失，这与丢掉性命有什么区别呢？因此，习惯的改变，是一种新习惯的替代，不是旧习惯的根除和抽空。改变习惯，也意味着自我思维模式和行为习惯的变化和重组，这就如同自我革命，非自觉主动、快乐坚持、循序渐进不能成功。

中国人自古崇尚中庸之道，凡事防止过犹不及。然而，人的惯性往往会把人带入过度和不及之中，个体往往在不知不觉中背离中庸之道，走在迷失和逆道之路上。

人拥有智慧的本质就是能把握和控制惯性，能够在自身处于不足或者过度状态时及时停止，理性地调整从而获得增益，防止不足或过度所带来的损害。

从某种程度上讲，人有什么样的命运，往往通过对自我本身惯性控制得好坏得以显现。对惯性控制得好，一生就快乐、成功、和谐、幸福；对惯性把握得不好，一生就痛苦、失败、失衡、不幸。

人往往是成也惯性，败也惯性。

第三节　可怕的习惯

人，总是无意识地依靠自己的习惯生存，总是无意识地沦为自身习惯的奴隶，而且终生难以解脱。

勤劳的人，习惯于操劳操心；懒惰的人，习惯于懒散少动；爱干净的人，习惯于思考和保持整洁；邋遢的人，习惯于脏乱差而自我感觉良好；有才能的人，习惯于创造性的思维和实践；无能之人，习惯于自怜自哀，消极颓废，如此等等，举不胜举。

《道德经》云："知人者智，自知者明；胜人者有力，自胜者强。"从某种程度上讲，所谓战胜自己的人，从根本上讲就是战胜自己不良习惯的人。能够战胜自己不良习惯的人，一定是个超人，是个伟大的人，是个无所不能的人。试想，一个人连自己都能战胜，还有什么做不好、做不到的呢？

相反，在现实生活中，那些平庸之辈，那些真正的弱者，那些人生的失败者，那些命运悲催之人，无不是被自我坏习惯奴役而无法自拔的人。可以说，一个人要想战胜别人，要想成功，首先是要战胜自己，克服掉对自身不利、有害的坏习惯，把自己从坏习惯的奴役中解脱出来。

人类一切的改变，都源于旧有思维模式和行为习惯的改变。人类任何形式的教育和培训，从根本上讲都是对个人习惯的影响、干预、破坏和重建。人类的文明，本质也是人类习惯的文明。人类的进步和提升，往往是对习惯的努力和提升。人如果离开习惯这一根本去追求枝叶，必定事倍功半，事与愿违。人，只有紧紧抓住好习惯的培养和塑造，坏习惯的克服和抑制，穷尽毕生的力量和资源，与自己不良习惯做斗争，才能成就真正非凡、有价值的人生！

可以说，一个人拥有什么样的习惯，他就属于什么样的人。一个人拥有积极正能量的习惯，他就属于积极正向的人；一个人拥有消极负能量的习惯，他就是消极负面的人；一个人拥有成功的习惯，他就是成功的人；一个人拥有失败的习惯，他就是失败的人；一个人拥有善良的习惯，他就是善良的人；一个人拥有邪恶的习惯，他就是个邪恶的人……少有例外。

习惯决定命运，好习惯成就好的命运，坏习惯带来坏的命运！人，总是成也习惯，败也习惯。因此，习惯是可怕的，因为它能直接决定一个人的命运！

第四节 人的改变

什么是改变？改，有改正、更改和修改的意思；变，与原来不同、变化、改变的意思。改变是指事物发生与原来有显著差别的变化。

人的改变，自然是指改正或变化，是通过自己的努力，使自己比以往有显著的好的不同。

人是万物之灵，人都是按照自己的习惯和多年养成的固有模式生活，世界上也唯有人的根深蒂固的习惯最难改变。

关于人的改变，从古至今有各种各样的思想理论，也有各种各样的方式方法；在教育和改造人方面，学校、教育培训机构和其他特殊的教育机构等，都在自始至终致力于人的修炼和改造，然而对人的改变却总是收效甚微。

为什么会这样呢？通常情况下，但凡参加学习培训的人，尽管在实际学习培训过程中会有所得、有所悟、有所感，学习时也会下决心去尝试改变，然而当他们离开特定的教育环境之后，往往原来怎么样后来还会怎么样，难有丝毫的改变和提升。这也正印证了俗语："夜里千条路，天明卖豆腐。"这是人类教育和培训的难点和痛点，也是最让人无可奈何之处。

因此，谁如果能够从根本上解决了人的改变问题，那么谁就是世界上最伟大的人。

窃以为：人的改变，首先是思想认知的改变。因为当人的思想认知发生改变之后，人的行为和习惯就会跟着发生改变。而人要想改变思想认知，首先内在要有改变的需求，即内心有改变的欲望，有改变的动力和决心,才能产生与改变相对应的行为。也就是说,对于人的改变,只有个人愿意改变,改变的理论方法才会对他有效果;如果没有改变的愿望,哪怕是用上天下所有的理论和方法,所有的人都来帮助他,也不能让他改变分毫,这就是人的顽固性。

如今市面上的各种成功学、潜能开发培训等多如牛毛,其结果往往是形式大于效果,还是没有从根本上解决人的改变问题,还是停留在一厢情愿地宣传和推广上,实际效果差强人意。而那些以营利为目的的教育培训,对人改变的效果可能更差,因为这些教育培训是哗众取宠得多,实际功效少,难成气候,难以长久。

能够让人改变的方法,应当具有替换人思想的魔力,让人在学习培训之后,想不改都不行,而这恰恰是最难做到的,也是人类到目前为止还没有完全解决的难题。

人的生活习惯和模式,是人生经历和学习的结果,不是一天两天形成的。它们的形成,是整个人的生理、心理、社会和环境综合影响、共同作用的结果,是世界上最复杂最先进的生化过程,是稳定的、深入潜意识的。也就是说,人的成长和改变,都是在外部的人、物、环境和事务的综合影响之下,在潜移默化的过程中,不受意识控制,长期反复重复而形成的。所以,任何教育培训的理论、方法和措施,根本不可能具有那么复杂、那么深奥、那么全面的影响力,充其量只是人类思想和行为的某个片断或局部的阐述而已,怎么可能具有改变所有人的神奇魔力呢?

从理论上讲,人的改变是一个长期循序渐进的过程。那种希望短时间内通过个人或团体的作用,就能让人发生完全的改变,是注定会失败的,也是根本不可能的。

人的改变,必须遵循人的本能及客观规律,任何违背人的本能和规律的行为,都是不可取的。

从人的感受上讲，人的改变过程是痛苦的，改变需要意志力量的支撑，更需要巨大价值、利益或快乐的吸引，否则人是很难克服固有不良习惯和模式的惯性的，这也是人难以改变的根本原因所在，因为人们认为改变的好处远远小于改变所带来的痛苦。

在现实生活中，那些帮助或改变别人的人，通过自己的主观努力，当发现对方因自己而受益，或者发生些许改变或进步时，就会大张旗鼓地自我宣传，无限制地夸大自我的功劳，并神话般地对人的改变抱有非常乐观的期望，其结果注定是不理想的，是会令人失望的。

因为，对于人而言，外在的帮助和促进，尽管能促使个体在短时间内发生些许积极正向的改变，但令人遗憾的是，这种改变只是表面的、暂时的，并没有深入到潜意识层面，因而并不能持久和延续。当改变者离开特有的情境，自身所产生的改变往往就会立即中止，整个人又会重新回到原来的状态。

是什么导致人的改变不能持久和延续呢？是根植于潜意识深处与自己相伴相随的习惯！

因此，那些总是试图改变别人、总是对人的改变抱有期待的人，显然是不明智的，是单纯和不成熟的。

人永远不要试图改变别人，更不要一厢情愿地主观施为，只能运用自己的知识、经验、能力和人格魅力去影响别人。通过这种潜移默化、榜样示范等积极正面的影响，调动对方内在积极正向的能量和资源，推动或促进他在自己意愿的主导下，实现自我自觉主动的改变。

对他人的改变，只能积极影响，不能主观强加。

没有人不希望自己更好、更完美、更成功、更幸福，然而，个人固有的思想、情绪和行为模式构成了其独特的人格和性格特征，具有极强的稳定性、反复性和持久性。因此，人的人格和性格往往是极难改变的。尽管改变会让人受益和更加美好，然而人自身固有的习惯模式，会极其顽固而又强烈地阻止人的向善和改变，因而人们对于美好、成功和幸福的追求和自身的改变，往往都是失望大于希望的。

人，只要其性格和习惯不变，其命运和人生就不会有根本性的变化，哪怕全世界的人都来帮助他，也无济于事。

人改变的本质，是通过外在意识和理性控制下的有计划行为的不间断反复重复，不断扰动原有习惯和行为模式，逐渐被潜意识接纳，形成替代潜意识中固有的不良习惯的新习惯，从而实现根本性的改变。

人自我的改变，就是将自己内在习惯性的消极、负面、被动、压抑等不良思想、语言、情绪和行为模式，转变成积极、正面、主动、快乐、开放的思想、语言、情绪及行为模式。

因此，改变就是对自我本身进行全方位的革命，是通过自己的亲力亲为、尝试和体验改变的全过程，总结、思考和领悟人生改变之道，牢牢把握改变的环境及身体反应机制，思考并领悟改变反复波动的心理机制，以及促发改变的心理动力和维持方法，形成一整套完整且有效的自我改变方法和模式，用于指导和助益自己的人生。

自我改变的原则，是用理性和意识随时随地观察、监督和管理自己潜意识控制的思想、语言、情绪及行为模式。对于自己要改变的不良习惯或行为模式，在日常工作生活中，只要一出现，就能立即被意识发现，同时身体系统能第一时间做出应对，立即停止不良习惯或行为模式，转而用积极正向的习惯或行为模式来替代。如果没有替代不良习惯或行为模式的新的好习惯和好的行为模式，那么要想实现自我的真正改变，是根本不可能办到的事情。

自我改变的核心，是坚持头脑总是想积极、健康、正向、美善的人或事，眼睛总是看积极、健康、正向、美善的人或事，耳朵总是听积极、健康、正向、美善的人或事，嘴巴总是说积极、健康、正向、美善的人或事，身体总是去做积极、健康、正向、美善的事，确保自己的情绪情感反应永远积极、正向、美善和快乐，自觉自动地让身体全方位地屏蔽各种各样、方方面面的消极、负面、被动、压抑、不良、邪恶的人或事，确保身体的自动自发应对反应都积极健康、快乐有益。

自我改变的终极目标，是保证自己的每一个思想观念、每一个情绪情感及身体反应、每一个动作和行为，都始终积极、健康、正向、愉悦和友善。

对于人的自我改变问题，只要自我信念一动摇、自我努力一解除，整个改变便会立即瓦解，并会在第一时间退回到改变之前的状态，让所有改变的努力付之东流。因此，面对潜意识里消极负面的习惯和模式，只要被理性和意识监控到，便立即中止或转换。若意识没有监控到，则应分析原因，找出应对策略并加以改进。尤其是对于经常反复出现的、顽固的旧有习惯和模式，必须重点关注和突破，切忌意志不坚定、改变动力不足、轻易放松警戒或努力，或者内在正能量不足，造成思想麻木、对旧习惯或模式听之任之。

真正能够实现自我改变的人绝非常人，能够改变自我不良习惯的人，一定是人生的赢家。

第五节　教育的本质，是潜意识习惯的塑造

什么是教育？

教，《说文解字》定义为"上所施下所效"，《礼记·学记》解读为

"长善而救其失"。传统意义上的教，是上行下效、长善救失。故"教"是榜样引领，是循序渐进，是潜移默化，是春风化雨，是一个生命影响另一个生命。

育，《说文解字》定义为"养子使作善"，《现代汉语词典》定义为"生育，养活和教育"，即既生、又养、又教。从本质上讲，育是教正养善，故既不能用生替代育，也不能用养替代育，更不能用功利来替代育，能且只能把"教正养善"当作育。

教育，《现代汉语词典》定义为："按一定要求培养人的工作，主要指学校培养人的工作"，"按一定要求培养"或"用道理说服人使照着（规则、指示或要求等）做"。如今谈起教育，大多数人都会不约而同、顺理成章、自然而然地理解为"老师讲，学生听""家长要求，孩子听从""读书就是受教育""成绩好就是受教育好"等。在这些人眼中，教育已经从传统的以正、德和善为主，转变成以读书为主、以学才艺为主、以分数为主的教育体系和教育模式，沦为名副其实的追求功利的工具。教育层面的问题层出不穷，一些学生厌学、逃学、压抑、焦虑、高分低能，出现严重的心理或精神问题，甚至不堪重负而离家出走或者自寻短见等，都是因为教育脱离了根本、急功近利、舍本逐末的必然结果。

那么，究竟什么是教育呢？

教育是指以正、德、善为根本，以"上行下效""长善救失"和"身体力行"为宗旨，是养正善、长德才、去本能、抑邪恶的综合系统工程。教育不是一种职业，而是一种事业。教育的目标是受教育者能够自觉主动地学以致用。而受教育者自觉主动地学以致用的前提，是他头脑里要有所学的东西，同时要会用所学的东西。如果头脑里没有，或者根本不会用，那么无论如何也做不到学以致用。若受教育者头脑里有所学的东西并且能够学以致用，就说明他已经将所学的内容入心入脑。所谓入心入脑，本质上就是通过学习和训练，将所学的内容变成潜意识的一部分，变成潜意识主导的、自动自发的思想和行为习惯。只要学习的内容没有进入潜意识，没有变成习惯的一部分，那么必然既没学好，更不会用。所以说，教育的本质就是人潜意识习惯的塑造。

众所周知：人体 70% 以上是由水构成的。水是生命的主宰，水性必然主导人性。水能藏污纳垢，天性向低处流淌。人也有惰性，人学坏容易学好难。

水越冷越缺乏活力，人也越冷越僵硬。要想让水活起来，就必须对水施加正能量。水在正能量的作用下，会变成气态上升并随风四处漂移，也会在压力的作用下不断升高。人也一样，要想让人活泛起来，就必须给人施加正能量。也只有正能量，才会让人克服天性向下的惰性，向上向好发展。

人都是依照自身固有的习惯模式思考、反应和行动的，没有人能够例外。人们习惯于没有外加意志努力地生活、工作和学习方式，很少有人愿意去改变固有的习惯模式。然而，人固有的习惯模式只要不加改变，其性格和人生就不可能有所突破和改变，其命运自然也不可能发生改变。相反，人若能够通过意志努力，克服自身固有的不良习惯模式，那么他的命运也必定会随之发生改变。

人潜意识中没有的东西，在现实生活中对人的影响或作用往往非常小，甚至根本就没有影响和作用。而教育就是对人潜意识的塑造，是对固有的不良习惯模式的削弱和置换。

教育可分为知识技能教育和品行习惯教育两大类。

知识技能教育，一是储备知识，二是学习技能，属于生存教育和功利教育；品行习惯教育，一是塑德，二是塑行，属于立身教育和素质能力教育。知识教育和技能教育，由于能够分解量化，便于掌控和考核，最能立竿见影、卓有成效，因而也最能够产生效益和看到成绩，这也是现代教育的主导模式。而品行习惯教育属于潜意识塑造教育，潜意识既看不见、摸不着，也听不到，因而既无法分解量化，也无法掌控和考核，见效慢，而且会遭遇来自自身习惯和本能的强力阻抗。人最大的敌人是自己，人最难改变的恰恰也是自己。所以说，品行习惯教育，因其会让人不舒服不习惯，总是存在强大的阻抗力，总是付出多、见效少或根本就无效，因而既无利润，也难有市场，这也是为什么很多世人都懂道理，但就是不愿意去做、不愿意去执行的根本原因。

在现实生活中，有些人参加安全健康类的教育培训，如果受教育者大脑中没有安全和健康的意识，那么尽管他们在教育培训的过程中会有所感悟，有所警觉，有改变的冲动，但当教育培训结束之后，他们就会第一时间将之抛弃，以前怎么样，现在还怎么样，以后同样也会怎么样。

教育必须注重根本，必须深入潜意识，必须致力于好习惯的培养和塑造，否则，教育就没有多大意义和价值，只能是教育资源的极大浪费。

第六节　习惯的奥秘

习惯是指人经过日积月累、反复重复所形成的，相对稳定、程式化的思想、语言、情绪、态度、情感、意志、行为等。英国哲人查尔斯说：播下一种思想，收获一种行为；播下一种行为，收获一种习惯；播下一种习惯，收获一种性格；播下一种性格，收获一种命运。人的思想决定行为，行为决定习惯，习惯决定性格，性格决定命运。习惯，是人大脑的思想意志相对稳定的外在程式化的表现。

人大脑的意识系统如同漂浮在海洋上巨大的冰山，露出水面极小的部分，是显意识，简称意识；深藏于水下不可见的绝大部分，是隐意识，简称潜意识。人的意识根植于潜意识，又反作用于潜意识。人的习惯也根植于潜意识，是一种后天形成的、不受意识控制的、能够自动自发运作的思想和行为模式。人的潜意识能产生思想、意识和行为，人的思想、意识和行为又能反作用于潜意识，形成相生相成、相互联系又相互制约的联动系统。

趋乐避苦、趋利避害是人的天性。人刚出生时如同一张白纸，受到本能驱使，总是不厌其烦、乐此不疲地趋近令自己快乐的事物，追求对自己有利有益的事物；也总是本能地回避和疏远让自己痛苦的事物，厌恶对自己不利或有损害的事物。在乐与利、苦与害的反复互动中，人的思想和行为逐渐强化、规范并固定成形，慢慢便形成了独具特色的思想和行为模式，养成了独特的行为习惯。人身体的机能，遵从用进废退的自然法则，会因反复运用而不断强化发展，也会因缺乏运用而不断衰弱退化。因此，人的习惯，来自以内在快乐和满足为基础的潜意识塑造，来自趋乐避苦、趋利避害思想和行为的强化与发展。

人的习惯是极其顽固的，一旦形成往往终生无法改变。

自然万物都有两极性，有阴必有阳，有好必有坏，有利必有害，有善必有恶。人的潜意识没有区分好坏善恶的能力，对任何形式的好坏善恶都会不加选择地接收和记忆。建立在潜意识基础之上的习惯，既有好也有坏，既有善也有恶。

所谓好习惯，是指建立在正善基础上的，以真、善、美为核心的思想行为模式。所谓坏习惯，是指建立在邪恶基础上的，以假、丑、恶为核心的思想行为模式。好习惯并非人类天生具有，而是人类在文明、文化、科学、传统、伦理道德、社会群体和社会环境的影响和制约下，经过后天培养和塑造而成的。坏习惯也并不是天生具有的，是后天缺乏规则规范教育、缺少文明文化教化、邪恶滋长正善消隐的结果。好习惯是有益的、文明的、文化的、社会的、大众的、道德的、长治久安的，因而是去本能的；坏习惯是有害的、野蛮的、自私的、邪恶的、招灾引祸的，因而总是放纵本能。好习惯如同阳光雨露，能使人终身受益，不断给人生加分；坏习惯则如同邪恶的魔咒，能使人终生受损，不断给人生减分。

人的习惯，可以在没有意识参与的情况下由内而外不知不觉地养成，也可以在理性意识的主导和控制之下由外而内培养和塑造。人的理性和意识，很难战胜感性和潜意识，习惯养成通常是由内而外容易自然，由外而内困难不自然。因此，培养习惯应坚持由内而外为主、由外而内为辅的塑造模式。

用正善稳定的规范模式来培养习惯，不能用邪恶和变化无常来塑造习惯；用快乐和利好来培养习惯，不能用痛苦和损害来培养习惯；用顺应天性、本能自然地培养习惯，不能用逆本能刻意强求方式来塑造习惯；用自觉主动来培养习惯，不能用消极被动来塑造习惯；用兴趣爱好来培养习惯，不能用索然寡味和厌烦讨厌来塑造习惯；用舒缓持久来培养习惯，不能用急功近利来塑造习惯；用爱和温情来培养习惯，不能用恨和冰冷来塑造习惯；用协调平衡和谐来培养习惯，不能用失衡失谐格格不入来塑造习惯；用积极正能量来培养习惯，不能用消极负能量来塑造习惯。

人潜意识的记忆不能清除，只能淡化、遗忘和替代。人的坏习惯不能根除，只能搁置、弱化，用好习惯来替代。人的思想、意识和行为具有单一性和惯性，人的大脑不可能同时呈现两种或两种以上完全不同的思想、意识和行为。也就是说，人呈现正，自然就抑制了邪；呈现了善，自然就排除了恶；呈现积极正能量，自然就排除了消极负能量；呈现了好习惯，坏习惯自然弱化、消失；呈现坏习惯，好习惯也自然无影无踪。所谓习惯改变，无非就是用好习惯替代坏习惯，让坏习惯的循环链中断，使坏习惯缺乏潜意识的滋养和行为的强化，慢慢弱化、退行和消失。

好习惯并不是想有就能拥有的，坏习惯也不是想改变就能改变的，很多情况下并不以人的意志为转移。改变习惯是人潜意识的革命，不经历内外颠覆性的革命，是很难凤凰涅槃、浴火重生的。人的坏习惯不能改变，根本原因就是自己不能革自己的命。人革命才能改变命运，因此只有革命才能改变习惯。习惯的培养和训练，是一个综合的、系统的身体适应再调整过程，是一个人战胜自我、增强能力、获得成功的最佳手段。人能战胜自我，就能征服世界。

撼泰山易，改变习惯难，这是亘古不变的真理。

第七节　习惯养成原则

坏习惯的戒除和好习惯的养成说难，真的比登天还要难。因为人很难克服自己本能习性的控制和左右，总是被本能习惯的强大内驱力所打败。对人的旧习惯对抗越强烈，反抗力就越大。人与本能或坏习惯相对抗，肯定是要失败的。因为人根本不可能打败自己，坏习惯本来就是自我的一部分，革自己的命，非常人所能为之。

坏习惯的戒除和好习惯的养成，说容易往往也相当容易，有时居然容易得让人难以置信。在现实生活中，有太多的人，他们的坏习惯或坏毛病的改变往往就在瞬间完成，似乎不需要任何努力和训练。比如有的人决定戒烟了，从下决定开始，就真的再也不抽一支；有的人决定戒酒，从他开始下决定那一刻起，就真的能做到滴酒不沾；有的孩子玩游戏痴迷而不能自拔，但在某一时刻，突然宣布不再玩游戏了，他就真的再也没玩过。家长想尽办法都不能阻止孩子玩游戏，但孩子只轻描淡写的一个决定，就解决了困扰家长太久的老大难问题。这足以说明，人是能够改变的，而且改变也并不是那么困难，这也是认知决定人行为的最有价值的例证。

俗话说：习惯决定性格，性格决定命运。人的习惯是关乎人一生命运的核心机制，因此，人的习惯养成必须要遵循一定的原则。

一是观念转换原则或积极认知原则。人的一切问题，都是思想认识问题。人的思想观念决定人的反应系统和行为走向。人只要解决了思想认识问题，那么人所有的问题就都不是问题，除非他的思想认识并未真正地到位或解决。做好人的思想工作，是习惯养成的第一要务。

二是非强制对抗原则。对于人们的旧习惯或问题，不能强行改变，更不能与之正面对抗。因为强迫和对抗，必然引发强烈的阻力和防御反应，而每次强迫和对抗的结果，都是对问题或旧习惯的强化，让问题或旧习惯更加顽固、难以改变。故对待旧习惯应以忽略淡化为主，让时间慢慢遗忘它；想建立新习惯，不能直接对抗旧习惯，必须顺应旧习惯或绕开旧习惯的航道，在新的领域开辟新的阵地。"星星之火，可以燎原"，在旧习惯毫无觉察的情况下，新习惯已经建立并慢慢养成，逐渐形成燎原之势。到那时，旧习惯如同旧势力，再也没有力量和能力来对抗新习惯这个新生力量了。习惯的养成本质就是自我的革命，与人类社会革命运动相类似，同样遵循人类社会革命的规律。

三是潜意识替代置换原则。人要养成新习惯，只能通过对潜意识的影响和渗透，于潜移默化中，实现对旧习惯的替代和置换。人的习惯是潜意识的一个基本组成部分，是不可能彻底根除的，如同人的记忆，人越想忘记什么，就越忘不了什么。但是如果人长时间忽略它、淡忘它，不去调用、强化它，那么慢慢地由于记忆链的弱化它会失去连接通道，并因失去触发信号它不再被记起。这时，原来的记忆并不是不存在了，而是一直存在，只是被暂时遗忘在某个角落而已。此时如果对人实施催眠，那么原有的记忆又能被激发。人的习惯，本身就是一种更深刻更持久的记忆，所以只能忽略、淡化它，慢慢弱化它的触发链接系统，把它留在被遗忘的角落，而不是希望永远地根除它。这是由人的本能和大脑的记忆特性决定的，非人力所能改变。人除非更换大脑，否则永远也别想根除大脑中的永久记忆或潜意识的记忆。

四是特定观念、信息和行为反作用原则。根据人性本能及个体特征，运用与之相适应的观念、信息和特定行为模式，反复重复，作用于人的身心反应系统，通过人的身心被动应对反应，影响和渗透人的潜意识系统，达到被潜意识接受的目的。人的潜意识对外在的信息没有区分好坏的能力，只要给予反复、不间断的刺激和影响，任何信息都能被潜意识接纳，并最终内化成自己潜意识的一部分，这是人习惯养成的生理本能依据。

五是兴趣原则。无论哪种好习惯的培养和训练，都必须与个体核心兴趣相结合。只要个体没有兴趣，就很难激发个体行为的动机和动力，即便开始行动，也会因动力不足而夭折。行动才是习惯养成的最关键保障，没有行动，一切都等于零。

六是简单原则或循序渐进原则。习惯的培养和训练，首先要简单易行，无须过多努力就能做到，并获得小小的成就感。在简单行动坚持一段时间之后，再慢慢增加难度和深度，才能慢慢被身体所接纳。

七是适度有效原则。习惯的培养和训练必须保证适度，以身体和心理能够承受和不劳累不难受为原则。如果开始时就超量训练，身体由于不适应而产生自动自发的不舒服或消极对抗反应，那么训练工作就很难坚持下去。所以，习惯的培养和训练应以适应促实效，用实效保坚持。

八是快乐原则。习惯的培养和训练，自始至终都应当是让人感到快乐、轻松、自由，而不是强迫、痛苦、压抑、紧张、勉强。让快乐促进习惯养成的延续，并在快乐中体会新习惯所带来的好处和成就感，是我们提倡的原则。

九是坚持不间断原则。培养习惯需要人认知的到位、意志的支撑，更需要有规律、不间断地重复。只有坚持不间断，不搞特殊化，不随意破例，不轻易放弃，好习惯才能真正养成。一旦中途中断、破例或放弃，基本就能确定终将失败。

十是巩固强化原则。巩固强化是习惯养成最重要也是最关键的环节。当个体克服重重困难，经历种种挫折，付出大量时间、精力后，潜意识就已经逐渐接纳并开始起作用。但是新习惯毕竟刚刚建立，其力量和影响远不如旧习惯顽固和强大，还不具备与旧习惯抗衡的条件，旧习惯仍然随时有卷土重来的强大力量。在新旧习惯力量对比中，新习惯并不占优势的情况下，不断巩固和强化新习惯，是促进其发展壮大的最根本举措。后期的巩固强化，并不需要多大的力量和多强的意志，只要用理性和智慧让新习惯持续运行、不间断、不停止就行了。一旦新习惯停止运行，其惯性力量减弱，旧习惯可能就会立即乘虚而入，兴风作浪。而当旧习惯开始运作时，其惯性就会推动它不断延续运行而很难停下来。在这种情况下，如果想触发新习惯并运行之，必然与旧习惯相对抗，身体中有两套完全不同的系统同时运行，必然造成人内在混乱，最终可能因旧习惯的顽固和强大的惯性力，新习惯失去运行条件，从而导致新习惯养成失败。巩固强化是避免旧习惯卷土重来最有效的手段，必须要坚持到底。只有当好习惯强大到足以替代和转换旧习惯之后，真正的习惯养成才算成功。

培养习惯的方法多种多样，但必须坚守原则。背离习惯养成基本原则，必然带来习惯改变的痛苦、不适应、压抑和紧张，身体产生自然防御反应，使新行为训练无法坚持。如果没有快乐、满足和成就感的支持，人的任何行为和习惯都很难坚持。

当然，对于现实生活中的大多数人而言，坏习惯的戒除和好习惯的养成并非易事，需要与本能的习性进行长期反复的磨合。常规途径是：在解决人的思想认识问题之后，依据个体特有的兴趣，遵循简单、适度、快乐原则，反复、不间断地坚持进行外在的训练，用外在的行为反作用于人的潜意识系统，反复重复直到被潜意识接纳，变成自动自发的行为为止。

好习惯是可以养成的，坏习惯是能够替代和置换的。只要遵循习惯养成的基本原则，方法正确，循序渐进，简单的事情重复做，好的习惯自然很容易养成。

第八节　习惯培养的黄金程式

思想和行动是人生命活动的核心和主宰。思想决定行动，行动反作用于思想。行动对思想的能动反作用，使人的学习和改变成为可能，这是习惯培养的生理学依据。思想和行动相辅相成，不断强化、修正和完善，最终形成固着于潜意识的习惯，决定着人的命运和未来。

人生而不同，不同的基因，不同的特质，决定了人们的思想和行为各不相同。思想和行为的表现形式虽然各异，但其生理机制却相同，都需要催生兴趣，兴趣催生思想，思想催生行动。一个人的核心兴趣，就是其生命系统的天赋表达，是最擅长、最持久、最能深入和成功成就的天赋才能所在。

根据马斯洛的需要层次理论，人的需要可分为生理需要、安全需要、爱和归属需要、尊重需要和自我实现需要五个逐级递进的层次。相同的需要，受到人相异特质的影响和作用，会催生各不相同的兴趣，进而呈现各不相同的思想和行为。因此，一个人的核心兴趣，是习惯培养最直接、最高效、最理想的抓手，以核心兴趣为中心的习惯养成模式，称为习惯培养的黄金程式。

（1）以自我的优势和特长为中心，对自己进行科学、合理、全面地分析和评估，明确自己的核心兴趣。

（2）根据自身的特点和实际需要，确定理想的习惯作为培养目标，并制订习惯培养实施计划。

（3）围绕自己的核心兴趣，将目标习惯与核心兴趣相结合，对自己进行有计划、有针对性地反复训练。

（4）重视、关注和肯定自己在习惯培养过程中取得的成绩和进步，忽略和淡化各种消极、负能量的因素或问题。

（5）用一个又一个小胜利不断激发自我对目标习惯的需要和兴趣，增强目标习惯行为的重复频率，直到内化入潜意识，成为自动自发的习惯。

人的潜意识记忆和习惯模式，只能忽略削弱，只能合理替代，不能强行直接根除。人对自我坏习惯的改造，能且只能通过忽略来削弱，通过重新培养好习惯来替代。人对自我或他人的不良习惯进行任何形式的强制、强迫或强压式扭转，都无济于事，非但不利于不良习惯的改造，反而会令不良习惯更加根深蒂固，难以改变。因此，对不良习惯的改造，必须用综合系统的模式，用特定高效、积极正能量的方法，用兴趣和成功，用理性智慧和规则规范来应对种种变数，坚持底线和原则，逐渐培养和造就自己的自尊、自信、价值感和成就感，激发内在稳定且持久的热情和动力。

第九节　习惯与心理

心理是人脑的机能，是对客观现实的主观反映，可分为心理过程（感觉、记忆、想象、思维、情绪等）、心理状态（激情状态、心境状态等）和心理特征（能力、气质、性格特点）等。心理属于潜意识范畴，是表述人整体特质的一个内隐统合性概念，并不会直接呈现于外，而是通过人的思想、语言、情绪、态度、情感、意志和行为等间接部分地呈现和表达。心理既包含过去事件（记忆经验）、现在事件（映像、体验、智力活动等），也包括未来事件（意图、目的、幻想等）；既包含显意识，也包含潜意识。

人的习惯也属于潜意识的范畴，是潜意识主导的、不受意识控制的、自动自发的思想和行为模式。也就是说，习惯是人思想、语言、情绪、态度、情感、意志和行为等程式化的统合，是个体心理集中且又独具特色的呈现方式。

习惯的稳定性和自动自发性，决定了习惯具有强大的固化特性。习惯不仅固化习惯本身，也固化习惯所呈现的心理。当一个人养成特定的习惯之后，他的心理特质往往也就随之固化。习惯有好坏之分，好习惯滋养身心，坏习惯则损害身心。因此，习惯对心理的影响和作用也有好坏之分，好习惯成就健康的人格和健康的心理，塑造健康的性格；坏习惯成就异常的人格和心理，塑造不健康的性格。

比如施暴和找打，是两种典型的心理模式。施暴是习惯用暴力来处理和解决问题；找打是习惯不断地骚扰并激怒对方，促使对方对自己施加暴力。无论是施暴还是找打，本质上都是一种心理习惯，或者说是程式化、自动自发的心理运作模式。

施暴者通过对别人施暴，获得一种恶意的心理满足；找打者则通过被施暴，获得恶意的心理满足。但凡恶意的心理满足，都属于不正常的心理状态，都属于异常或变态心理。

众所周知，积极正能量有益人的身心健康，消极负能量损害人的身心健康。施暴和找打都属于消极负能量，所以无论是施暴者还是找打者，都会因为施暴或找打而使身心健康受到损害：施暴一次，找打一次，身心健康就受到损害一次。施暴者和找打者，极少会承认自己心理有问题，只是认为施暴和找打是性格使然，认为自己本来就是这样的人，既不想改变，也认为不可能改变，因而总是用各种借口让施暴和找打行为合理化，反复重复而不能自拔，从而导致身心健康反复遭受缓慢、累积、渐进式地损害。量变的积累，最终会引发质变，施暴和找打的最终结果就是引发心理异常或变态。

严重的施暴和找打被称为施虐和被虐性格，心理学上称为施虐狂或受虐狂，属于心理疾病。无论是施虐还是被虐，都是以伤害或损害身心健康为代价，是心理变态的极端外在呈现。因此，心理学将施暴和找打划归为心理问题序列，并运用心理学的理论、方法和技术，对这类人实施干预和治疗，这是符合常规的，并没有什么不妥。

施暴者和找打者属于心理疾病的群体吗？是心理先有疾病引发施暴和找打行为，还是因为施暴和找打行为引发心理疾病的呢？

众所周知，人的心理和习惯，并不是天生具有的，而是后天逐渐习得并养成的。既然人的心理不是先天的，那么心理疾病从何而来呢？人的心理疾病，一方面源于大脑器质性伤害或病变，另一方面源于自身思想和行为的累积性损害。排除大脑功能受损导致心理问题因素，人的心理问题皆源于自身不良思想和行为的长期累积渐进式伤害。也就是说，是人先习得并运转了不良思想和行为，然后才导致心理生病，而不是心理生病才导致不良的思想和行为。

人的心理和习惯具有相依相生、和谐共存的特性。不良习惯对身心的缓慢损害，会导致人心理受损；而受损的心理，反过来又会强化不良习惯的存在，最终使心理和习惯陷入恶性循环而自损自害。

综上所述，把心理问题称为不良思维方式和行为模式即不良习惯更合理，也更有助于心理问题的解决。因为运用心理学理论、方法和技术，或者运用精神类药物辅助治疗施暴或找打问题，结果往往不是很理想，非但无法除根，而且可能会使问题越来越严重。为什么呢？一方面，由于当事人不承认自己有心理疾病，所以不会主动治疗，更不会配合治疗；另一方面，试图通过施暴和找打的症状来解决心理病症问题，只触及了心理问题的表象，并没有触及病根，所以总是治标不治本。

人的习惯是后天习得固化的、自动自发的思维方式和行为模式。人的不良习惯不是疾病，能且只能通过思维方式和行为模式的改变来解决不良习惯问题，而不能用治疗疾病的方式来解决。

施暴和找打的习惯模式既然能导致心理疾病，那么自然也能通过对施暴和找打行为习惯的根治，达到根治心理疾病的目标。也就是说，对于习惯施暴或找打的人而言，如果中止了施暴或找打的习惯性行为，那么也就中止了与之相关的极端恶性情绪、精神刺激和身心伤害，心理疾病也就丧失了推动力量。人的身体，具有强大而神奇的自愈力。人一旦停止了对自己身心的伤害，那么身心就会快速地自我修复，很快就会恢复到正常健康状态。人的很多心理问题，只要不属于精神疾病类型，多半是由于个人潜意识里不良的思维模式和行为习惯反复损害伤害的结果，并不是心理本身就有问题。因此，停止施暴或找打行为习惯，停止对身心的伤害，同时解放自己的身心，激发身心自愈的潜力，实现心理疾病的自愈，这样才能从根本上根治人的心理疾病。

综上所述，我们万万不能通过他人的外在异常行为表现而人为地给他人贴上心理疾病的标签，否则会害死人的。

第十节　习惯与自律

所谓自律，是指不受外界影响，根据自己的意志，按自己的道德准则行事。自律的本质，是自己约束、管理和控制自己的思想和言行举止，使之合于正道，利好自己、他人和社会。

自律是一种能力，因好习惯而强化，因智慧而升华。通常情况下，人的自律性越强，能力越强；自律性越差，能力越差。相反，能力越强的人越自律，能力越弱的人越自怠。自律能力强的人，善于管理和控制自己的思想、语言、情绪、态度、情感、意志和行为，因而对不良习惯具有很强的克制和管理能力，更善于改变不良习惯，塑造良好的习惯。相反，自律能力差的人，对自己的思想和言行举止难以实施有效的管理和控制，总是纵容并屈服于自身的不良习惯，能力也越来越弱，最终消沉、堕落而不能自拔。所以说，自律是能力的核心机制，也是习惯改变的核心保障。没有自律，就谈不上能力，更别妄想改变自身的不良习惯。

习惯是人的统合性行为模式，或者说是程式化的行为方式。好习惯是正和善的行为统合或程式化，坏习惯则是不良或邪恶行为的统合和程式化。无论是好习惯还是坏习惯，都有深刻的生理、心理、认知、需求和环境因缘，绝非单一因素所能决定。因此，习惯总是一个人当下最契合自己生存的行为模式。改变一个人的不良习惯，就等于将一个人从最契合生存的状态强行拉入不契合生存的状态，即从舒适区拉入非舒适区，这给一个人带来的冲击、震撼和不适应是难以想象的。因此，改变不良习惯，具有强烈的个人特性，不能忽视个体的特点和综合特质，必须以个体为中心，有针对性地自主实施才能奏效。所以说，人，如果是自己革自己的命，尚且能接受和容忍，如果是被别人强行革命，则非但不能接受，更加不能容忍。因此，人，自己改变自己的不良习惯，成功的概率比较大，麻烦、祸患和危险不会太多；如果是由别人改变自己的不良习惯，成功的概率极小，麻烦、祸患和危险极大。任何人，不要轻易去改变别人的习惯，否则就是自讨苦吃，自招麻烦和祸患。习惯改变的最好模式，是自我改变、自我成长、自我超越。

习惯和自律，都是无所不在、无所不包、无所不能，是渗透人的生命全息体系之中的核心性存在。轻视什么，也不能轻视习惯和自律；重视什么，也不如重视习惯和自律；培养什么，也不如培养习惯和自律；成就什么，也不如成就习惯和自律。

从某种程度上讲，培养自律品质，就等同于培养和塑造好习惯。那么，如何培养自己自律的品质呢？

（1）要提升自我价值。所谓自我价值，不是指自己有多少钱，有多大能耐，而是指自己能帮助多少人。一个真正能帮助和利于他人的人，才是真正有价值的人。提升自我价值，就是提升自己服务他人、利于社会的能力，而不是为自己创造多少财富，获取多少利益。一个真正有价值的人，由于要服务他人，利于社会，所以天赋使命就让他必须严格管理自己，先做好大众的榜样，然后才能有资格服务他人，利于社会。如果一个人连最起码的自律都没有，凡事跟着感觉走，由着性子来，就不可能成为众人学习和仿效的榜样，想服务他人、利于社会也不现实。所以说，但凡真正有价值的人，都一定会自觉自主地自律，以使自己与自身价值相匹配。因此，提升自我价值，是培养自律品质的前提。

（2）要树立远大目标。所谓远大目标，是指10年、20年，甚至一生才能达成的目标。人只有拥有远大的目标，才不会拘泥于当下的人、事、物。人只有超越当下的人、事、物，才不会被控制、主宰，甚至奴役，才能拥有真正的自由、独立和快乐。人要想实现远大的目标，就必须自我管理、自我约束、自我控制，亲近与理想目标有关的事情，去掉或摆脱不利于理想目标实现的事物。所以说，树立远大理想，是培养自律品质的保障。

（3）要构建美好的希望。一个人如果终其一生不停地提升自我价值，不断地为未来理想目标而努力奋斗，那么他必定对未来充满美好的希望。一个充满美好希望的人，是不可能自甘堕落和消沉的。希望是生命之灯，是灵魂之塔。而一个对未来充满美好希望的人，会自觉主动地规避各种有损自身的人、事、物，就一定会拥有超强的自律能力。因此，构建美好的希望，是提升自律品质的关键。

（4）要把自己活成宝。任何人要想把自己活成宝，就一定会不停地提升自我价值，不断地为了远大理想而努力，无止境地构建美好的希望。无论是自我价值、远大目标，还是美好希望，都是以自律品质的提升为基础的，如果没有自律品质的提升，一切都无从谈起。人生最大的失败，就是把自己活成了残废。人生最大的幸福和成功，是把自己活成宝。而这一切都需要提升自律能力来实现！

总而言之，无论是自我价值、远大目标、美好希望，还是把自己活成宝，都是以自律品质的提升为基础的。因此，自律，绝不是管理自己、约束自己那么简单。自律不是形式，而是内容；自律不是由外而内，而是由内而外；自律也不是被动的，而是自觉主动的。如果一个人缺乏自我价值，活着没有目标，对未来没有希望，把自己活成了残废，那么即便知道自律好，也根本自律不了。所以说，自律，一定是以个人的成长和完善为根基的，没有个人的成长和完善就没有自律的可能。

第十一节　习惯与家教

家教即家庭教育，是指以家庭为单位，以父母为主导，以子女为中心，以正、德、善为根本，以上行下效、长善救失和身体力行为宗旨，养正善、长德才、去本能、抑邪恶的综合系统工程。

无正不成教育，无善不能养德，无德不能成才。家庭教育是以"正、德、善"为主体的品德教育为核心，以"自立、自强、自给自足"为主体的生活技能教育为宗旨，以榜样引领为主体的身体力行教育主导方式，以"洒、扫、应、对"为主体的做人教育为着力点，以"长善救失"为主体的行为习惯教育根本，重在品行习惯的培养和塑造，而不是纯粹的知识、才艺和功利教育。

家庭教育的核心是启蒙教育。作为中国传统启蒙教育的集大成之作——《弟子规》，是根据圣人孔子的教诲，结合中国传统蒙学教育的经验和实际，高瞻远瞩地规定了学子在孝亲事友、品行习练、道德操守、待人接物、行为举止和学习等方面所要恪守的规范和守则。其核心思想是：学子求学必须遵循圣人的教诲，首先要做到孝敬父母，友爱兄弟姐妹；其次要谨小慎微，诚实守信，博爱大众，亲近有仁德的人；如果上述各方面都能依次做到做好，那么才可以利用剩余的时间和精力，学习各种才艺和科学文化知识。

中国 2000 多年的启蒙教育史，从来都没有把知识、才艺和功利教育作为启蒙教育的重点，而是把品德修养、行为习惯和做人教育作为启蒙教育的根基。俗话说，根深才能叶茂。实践也证明：只有根基扎实的人，才有德；只有德行深厚的人，才能成才，才能成为德才兼备的"大人"。

家庭教育的终极目标，就是把孩子培养成德才兼备的人才。关于德和才的关系，有人总结说：有德有才是极品，无德有才是毒品，有德无才是凡品，无才无德是废品。《易经》中讲："德不配位，必有灾殃。"任何一个人，如果德不能和自己当下的位置权势、功名利禄和知识才艺相匹配，那么必定会招致灾祸，损人害己。所以说，教育，必定是德为先，才为后；家庭教育，必定是立德在先，知识和才艺靠后。

《颜氏家训》云：教妇初来，教子婴孩。人在刚出生时，都是一张白纸。在生命启蒙的初期，家长和老师在白纸上画上什么，孩子往往就会拥有什么或成为什么。人的天赋和可塑性，具有随着年龄的增长而弱化的规律。因此，对孩子生命最重要的立德教育，在家庭教育中变得至关重要，甚至就是家庭教育的全部所在。如果孩子在生命启蒙阶段没有扎好根，没有养好德，那么随着年龄的增长，再想扎根和养德，难度就会成倍增加，甚至变得根本不可能。如今有些家长，在现实功利的驱动下，在孩子刚出生时，就对孩子进行无止境地知识灌输和才艺培养，而把塑德教育抛之脑后。家长重知轻德、重才轻能，是家庭教育最大的误区。

人的德是隐藏于潜意识深处的立身之本，也是个体言行举止综合特质的现实写照。人的思想决定行为，行为塑造习惯，习惯决定性格，性格决定命运。人都是依习惯而思想、工作、生活和学习的，而人程式化的思维和行为模式，就是习惯。所以说，一个人习惯的统合，构成性格，也塑造了品德。

传统的启蒙教育，无论是孝悌谨信、爱众亲仁，还是余力学文，从根本上讲，都是孩子良好习惯的培养和塑造。因此，家庭教育的根本在正性品德和习惯的培养塑造，而不是知识、才艺和功利教育。

习惯是把双刃剑，好习惯助益人生，坏习惯奴役人生。一个人如果拥有好的习惯，就会一辈子拥有享不完的"利息"；相反，如果拥有了坏的习惯，将会背上一辈子也偿还不清的沉重"债务"。

好习惯是习惯，坏习惯也是习惯，人要想有所作为，要想成才成功，就必须要养成好习惯，远离坏习惯。

作为家庭教育的主导者——家长，首先要能够掌握并应用人习惯养成和改变的机理、原则和方法，有针对性地在孩子的正性品德和习惯的培养塑造上下功夫；其次要不断地学习提升，自我成长，使自己拥有能够适应孩子成长变化的智慧和能力，不至于被孩子反制而丧失家庭教育的权威和资格；最后要能够理性客观，循序渐进，坚持到底不放弃，这是新时代合格家长最基本的素质能力，也是孩子正性品德和习惯培养塑造的根基，更是家庭教育成功与否的关键。

第十二节　习惯与命运浅析

生命为什么会因环境变化而改变身体内外结构、生命行为及反应呢？因为要生存。既然要生存，就必须要适应环境，遵循自然选择、优胜劣汰的自然规律。

习惯受潜意识主导和控制，具有维系和保障生命活动的稳定性和安全性的功能，是生命存在、生命活动的基础和保障。有了这个基础和保障，人就能够将思想、意识和主观能动性应用于更重要、更困难、更有意义和价值的事情上，使创造和劳动成为可能，这也是人之所以成为万物灵长的根本所在。

习惯的力量是无比巨大的，它经年累月地影响人的品德，决定人的思想和行为方式，左右人一生的成败。习惯既能成就一个人，也能毁掉一个人。好习惯养好命，坏习惯要人命。一个人命运的好坏，与他拥有习惯的好坏直接相关。当一个人拥有好习惯时，就会终生享用其"利息"，而当一个人拥有了坏习惯时，则会终生偿还其"债务"。

为什么会这样呢？

俗话说：闲者不能，能者不闲。

人的能力体现在对所做事情的坚持和持久地努力、钻研和探索上。人类所做的任何积极有益的事业，只要经常中断，必然什么也做不成，什么也做不好。

真正的有能者，源于其内在后天形成的稳定不变的思维模式和行为习惯，这些成就了他勤劳踏实、坚持不放弃的优良品质。在内在潜意识习惯自动自发地控制和指使之下，他便不由自主地终生处于忙碌状态之中，因而成就了他的能。有能者最宝贵的精神品质就是持之以恒、坚持到底、绝不轻言放弃，这是人类成就任何事业的法宝，这才是人类真正的能力。

而那些闲散成性者，由于贪图安逸、好逸恶劳已经成为习性，从而养成了凡事不能坚持、容易放弃、容易中断的行事风格。同样受到潜意识自动自发机制的控制和指使，他便终其一生处于闲散状态之中。那些长期不间断的事务，对他们来说简直是折磨和灾难，与他们内在的习性格格不入，因而他们在做事时总是处于内外矛盾和冲突之中，根本无法专心做事，总是在做事的过程中不能坚持，经常间断或停止，最终导致失败。

人无论是忙还是闲，都是内在后天形成的固有的思维模式和行为习惯使然。一个忙碌的人，并不是他总想忙碌不停，而是因为内在习惯自动自发不能停止，使他不能不忙碌，他的内在缺少闲散的时间和空间；同样，一个闲散的人，并不是因为他总想闲散不做事，而是因为他内在后天形成的固有的思维模式和行为习惯自动自发使他不得不闲散，他的内在缺少忙碌的时间和空间。

一个人是忙碌还是闲散，都源于潜意识的习惯。从对人生的影响和长远来看，拥有忙碌习惯的人往往能够最大限度地成就人生、创造人生，他们的人生会更加精彩，更加有价值。而拥有闲散习惯的人，往往拥有失意痛苦的人生，难以取得成功。

人内在固有的习惯具有强大的内驱力和控制力。由于它来自人的更深层次的潜意识，而且总是自动自发，不受人的理性和意识的控制，因而它对人的影响总是无处不在、无时不有，直接决定人的方方面面。

一个人只要缺乏智慧和自我突破能力，那么他就必定不能突破内在潜意识思维和习惯的控制，终生受习惯的指使，不得解脱。也就是说，一个人并不是自己的主人，而是后天形成思维模式和行为习惯的奴隶和工具，一个人人生的成败最终完全取决于内在的思维模式和行为习惯，所以也有"习惯决定命运"一说。

当然，对于那些有智慧有自我突破能力的人来说，他们为了自己的人生理想和目标，总是不断地自我加压、自我调整、自我改变，以谋求理想和目标的实现。他们在追求理想和目标的过程中，总在不停地挑战自我内在的不良思维模式和行为习惯，总是主动理性施为，通过有意识地反复训练和重复，用积极正能量的思维模式和行为习惯替代原有不良的思维模式和行为习惯，从而使自身更加完美和强大。而当他们完成不良思维模式和行为习惯的改变和替代之后，人生就获得成功，命运也随之改变。

人追求理想和目标的过程，本质就是一个不良思维模式和行为习惯的调整和改变、新的积极正能量的思维模式和行为习惯的建立的过程，同样也是一个改变命运的过程。

改变不良思维模式和行为习惯，建立积极正能量的思维模式和行为习惯，才能真正改变命运。人如果突破不了内在不良的思维模式和行为习惯，哪怕他再努力，付出再多，命运也不可能发生根本性的改变。

人的命运好坏并不是天生的，而是在后天成长学习经历的过程中，由形成的稳定不变的思维模式和行为习惯所决定的。既然人的思维模式和行为习惯是后天养成并非天生而来的，那么就必定能够通过后天有意识地学习和训练进行改变和替代，进而实现命运的改变。

人只要能够改变长期形成的稳定不变的不良思维模式和行为习惯，他的命运必定能够改变。好人学坏，命运变坏；坏人学好，命运转好。人们并不是天生这是这样的命运，而是他们在自我和外界的综合作用下，内在稳定不变的思维模式和行为习惯得以改变的缘故。

人的习惯是可以改变的，因而人的命运也是可以通过自我的努力得到改变的。所以说，宿命论是唯心的，是迷信的，是害人最彻底的思想观念，必须彻底破除方能改变命运。

第十三节　人际习惯漫谈

能量是生命的动力，也是生命的活力之源。生命的动力，会在自身和环境的作用下不断重复并逐渐定型。巴甫洛夫说：动力定型，是习惯的生理基础。因此，生命活动的动力定型，就形成了习惯。

世界是一个整体，万物就是整体中的一员。世界遵循普遍联系和永恒发展的规律，万物也都存在于普遍联系和永恒发展的整体之中。人生在世，与自然万物的联系互动是一种常态，与他人和社会的碰撞融合更是一种必然。人与人之间，只要存在持久且稳定的关系，就必然要反复沟通和互动。沟通和互动，就是人与人之间的动力连接和融合。天长日久，这种动力连接和融合就会逐渐定型，形成相对稳定又独特的互动模式，这就是人际习惯。

人际习惯作为一种习惯，具有自身独特性。

（1）人际习惯具有自动自发性。人的习惯属于潜意识的一部分，是不受意识控制、自动自发的思维方式和行为模式。人际习惯作为习惯的一种，自然也和习惯一样，自动自发，自然而然。

（2）人际习惯具有互动性。人与人之间，互动是典型的特征。没有互动，就没有动力连接和整合，人际习惯自然也就无从谈起。

（3）人际习惯具有主导性。比如：功利型的人际习惯，以功利性的互动和连接为主导；工作型的人际习惯，以工作性的互动和连接为主导；休闲型的人际习惯，以休闲玩乐性的互动和连接为主导；学习成长型的人际习惯，以学习成长性的互动和连接为主导；等等。没有主导性互动和连接，就没有相对应的人际习惯。

（4）人际习惯具有平衡性。自然和谐是万物的生存法则。自然和谐的核心，就是平衡。无论是个体的内部环境，还是个体的外部环境，都需要建立在特定的平衡基础之上，才能持久稳定地延续和发展。人际习惯的本质就是人与人之间，通过互动和连接，建立一种契合双方的最佳平衡状态。没有平衡，就没有持久稳定的人际习惯。

（5）人际习惯具有强迫重复性。一个人和他人建立人际习惯，往往是他自身的需求、特质与外部环境融合的定型化表现，具有极强的稳定性。特定的个体，与不同的人沟通互动整合定型而成的人际习惯，往往具有相似性、重复性，似乎冥冥之中有一种强大的力量，总是将他与他人的沟通和互动拉到近乎相同的模式中，而且并不以自己的意志为转移，这就是强迫性重复。

习惯有好坏之分，人际习惯也不例外。好的人际习惯助益人生，坏的人际习惯破坏人生。从某种程度上讲，人际关系的好坏，往往取决于人际习惯的好坏，正所谓"成也习惯，败也习惯"。

俗话说，世界上唯一不变的，就是变化。整个宇宙自然，包括万事万物，都处在永恒的运动变化之中。习惯的相对稳定性和固化性，决定了习惯并不会随着时间的流逝和环境的改变而轻易发生改变。很多人的习惯一旦形成，终其一生也不会改变。习惯的不变性和万物的流变性，决定了习惯与外界总是不能同步，经常出现脱节和适应不良。

人与人之间，在建立关系并开始互动的初期，彼此之间的关系及互动方式，都经历现实的人、事、物和时间的考验，逐步融合并定型的，因而人际习惯对双方来讲都是最理想、最合适的。人是自然界最复杂的生命体，任何地方，只要有两个人在一起，就必然存在不合理和不平衡，必然存在矛盾和冲突。人对不愉快和痛苦的记忆，远远强于对快乐的记忆。人际互动的每一次不愉快，每一次痛苦的经历，都会深深地存储在记忆之中，并不断地积累发酵。每一个人，对不愉快和痛苦的忍耐力都是有限度的，一旦超越承受的极限，就必然会引发爆发式的情绪释放，进而导致激烈的人际冲突和对抗。通常情况下，人与人之间只要发生了失控性冲突和对抗，也就意味着彼此关系的受损，出于自尊和现实的需要，当事人双方都会本能地选择彼此疏远，甚至直接断绝来往。俗话说，破镜难重圆。人际关系一旦出现问题，往往就很难修复如初，只会渐行渐远。

一个人和特定的人建立起的人际习惯，会随着彼此关系的受损而发生变化，也会因彼此关系的破裂而中断或消失。然而，人际习惯的强迫重复性，又会本能地推动人寻求与之相类似的人建立互动和连接，让人际习惯再度重演，如此反复，生生不息，不会停止。

第十四节　习惯与破窗效应

破窗效应是一种犯罪学理论，该理论认为当一些不好的行为和习惯出现在环境中时，由于没有人进行管理被放任存在，就会诱使人们仿效，甚至让这种现象变本加厉。例如，以一幢有少许破窗的建筑为例，如果那些破窗不被修理好，可能会有破坏者破坏更多的窗。

破窗效应的核心理念是：环境具有强烈的暗示性和诱导性，好的环境能催生更多好的行为，坏的环境能引发更多坏的行为。也就是说，任何一种不良现象的存在，都在传递着一种不良信息，进而诱使他人仿效，使不良现象变本加厉、无限扩展。对于日常生活中那些看起来是偶然的、个别的、轻微的过错、损坏或邪恶，如果没有引起高度的警觉，对它们不闻不问、熟视无睹、反应迟钝或纠正不力，就会在无意中纵容它们，使之慢慢演变成必然的、普遍的、严重的过错、损坏或邪恶。

如果把人的身体比喻成一幢建筑物，把人的习惯比喻成建筑物的窗户，那么人的坏习惯，就是被打破的窗户，即破窗。即便人的坏习惯并不是真正的破窗，但万物同源，人的坏习惯也同样遵循破窗效应。也就是说，人的任何一种不良习惯的存在，都在传递着一种不良信息，进而诱使自己和他人仿效，使不良习惯变本加厉、无限扩展。任何人，哪怕是自身微不足道的坏习惯，如果不闻不问、熟视无睹、反应迟钝或纠正不力，就等于纵容坏习惯，使坏习惯不断发展壮大、变本加厉。

坏习惯不改，就会引发更多、更严重的坏习惯。人，生命中的第一个坏习惯，常常是习惯恶化的起点。面对第一个坏习惯，由于其个别、轻微，甚至无关大局，所以总是被自己和他人所忽略。而坏习惯的存在，也常常给自己这样的暗示：坏习惯是可以有的，谁没有坏习惯呢？有坏习惯不是什么大不了的事情，而且又没有惩罚。于是乎，不知不觉间，人就拥有了第一个、第二个、第三个，甚至更多的坏习惯。当人的坏习惯越来越多之后，面对越来越多的"破窗"，自己也就会理所当然地认为：再多一个坏习惯，再打烂一扇窗户，也没什么关系。就这样，人就从第一个坏习惯开始，一步一步地被坏习惯拖入消沉、堕落、自损，甚至邪恶的泥潭而不能自拔。

《道德经》中讲："为之于未有，治之于未乱。"中医也倡导治未病。对于自身好的方面，我们可以任其发展而不加干预；但是对任何一个坏的方面，必须在初始阶段就实施干预和控制，真正将坏事扼杀于萌芽状态。如果等坏事已经发展壮大，已经形成气候，再想去干预、控制和改造，就已经力不从心，难上加难了。当发现第一扇破窗时，一定要及时补救，换上新的，否则会有更多窗户遭到破坏。

破窗效应要求人们：不仅不能做第 N 次打破窗户的人，更加要做迅速修复"第一扇破窗"的人。也就是说，人不能成为无数个坏习惯的主人，而应成为高度警觉、迅速扭转并扼杀第一个坏习惯的主人。

人用语言当众表达自己或他人的不好，是一种语言习惯，也类似于语言的"破窗"。有位画家，他把他心目中最美的女人画了出来，赋予她最美的五官，最美的脸蛋，并认为这个美人是无可挑剔的。于是他把这幅画挂到大街上，并在旁边写了一句话：请把你认为最不好的地方圈出来。他原以为没人可以找出来，没想到晚上拿回来的时候发现画上都是圈圈，他非常沮丧和失落。后来有位老者告诉他："你可以换个方式，把画挂到街上，并且写上这样一句话：'在你认为最美的地方画上圈'。"结果，那天晚上他拿回来的时候，整幅画也是画满圈圈。一个人当众说出自己或他人的不好，就会暗示别人把思想和注意力都集中到他所说的不好上，在这种语言"破窗"的暗示和引导下，别人就会挑出你或他人更多的不足，进而在别人眼中形成一个缺点多多的形象。

生命的过程，就是一个不断发现坏习惯这个"破窗"并及时补窗的过程。所谓补窗，就是时刻关注不良行为，及时将坏习惯扼杀在萌芽状态，用好习惯置换、替代坏习惯，使自己的思想和行为始终被好习惯占据，让坏习惯丧失其影响和作用，并因缺乏土壤和营养而慢慢枯萎消失。

人的习惯，也存在"马太效应"。人的习惯与建筑物的窗户一样，一旦打烂了其中一扇，人就会下意识地不断破坏其他完好无损的窗户，直到所有的窗户全部损坏，好习惯荡然无存为止，这就是"坏者愈坏"。相反，如果习惯的窗户全部完好无损，人就会下意识地保护自己的"生命之窗"，珍爱自己的好习惯，从而让习惯越来越好，这就是"好者愈好"。因此，要想克服习惯的破窗效应，前提就要保证自己习惯的"窗户"完好无损，只要有所损坏，就一定第一时间快速予以修复，不让坏习惯有可乘之机。只要人的"生命之窗"始终完好无损，自然就没有了"破窗效应"。

总而言之，人一定要学好，因为好者会愈好；一定不能学坏，因为坏者会愈坏。生命总是损害容易利好难。任何人，要想生命安全稳固，要想利好生命，就一定不能任由坏习惯大行其道，必须要像防瘟神一样防坏习惯，这是人生快乐、幸福、成功的必由之路。

第十五节　情境抽离习惯改变法

人的境界有多高，格局就有多大。俗话说：一叶障目，不见森林。人总是有不自觉夸大眼前人、事或环境的习惯或本能，总是被周围的人、事或环境所控制和左右，少有能理性分析、冷静对待、客观处置的。

当人置身于云雾之中时，就会很自然地感觉到自己的世界全部被云雾包围，面对无处不在、弥漫四周的云雾，感觉自己是那么渺小和无助，想突破云雾的影响和困扰难于上青天。但当自己置身于云雾之外看云雾，会很自然地发现，原来困扰自己的云雾范围是那么狭小，那么微不足道，那么容易突破。同理，当人置身于特定的人、事、物、环境、悲惨的境地或恶劣的情境中时，也会很自然地觉得周围的人、事、物、环境、悲惨的境地或恶劣的情境就是自己的世界，就是自己的一切，而且总是身陷其中不得解脱。如果把自己置身于相应的人、事、物、环境、悲惨的境地或恶劣的情境之外来观察，就会惊奇地发现，原来自己所感觉的、困惑的或纠结的人、事、物、环境、悲惨的境地或恶劣的情境，是那么渺小，那么可笑，相对于整个人类社会或自然界来说，简直不值得一提。

置身事外的本质就是情境抽离，即跳出问题之外看问题、跳出问题之外处置问题，这是人安身立命的法宝。

什么是情境抽离呢？

《说文解字》定义：情，人之阴气有欲者，意思是人们有所欲求的从属于阴的心气。境，原义是疆界、边界，延伸指某一范围的情况。情境，指人因欲求而生的心气的场景或境域。抽，引也，意思是引出，引申为拔出。离，指离开、分开。抽离，是指拔出并离开。情境抽离，是指人从因欲求而生的心气的境域中拔出并离开。

俗话说：习惯决定命运。好习惯，能给人创造好的命运；坏习惯，则能给人创造坏的命运。拥有好的命运，是人人追求和向往的。而要想拥有好的命运，就能且只能改变坏习惯，养成好习惯，让好习惯创造并成就自己好的命运。所以说，任何人，找出自身的坏习惯，然后努力改变它，是人生最重要的任务和使命。

而要改变坏习惯，情境抽离习惯改变法无疑是理想、高效的选择。

所谓情境抽离习惯改变法，是指将人从特定习惯的场景或境域中拔出并离开，置身于习惯之外看待或处置习惯，达到中断停止习惯性行为并改变习惯的方法。

情境抽离习惯改变法实施步骤如下：

（1）从坏习惯的情境中快速抽离。运用理性和智慧，将需要改变的坏习惯纳入意识控管范畴，随时随地用意识监控自己的行为。一旦特定的坏习惯出现，就能立即发现，同时迅速将自己从习惯性行为的特定情境中抽离出来，并用理性的态度，用常规的立场、眼光和角度，全面深入地观察和了解坏习惯，将观察和了解的结果记录下来。

（2）选择并创造适合自己的积极正能量的情境。根据个人的兴趣特点，选择身边自己所向往或崇拜的人或团体并进行面对面地接触和交流，详细了解成功人士或团体的创业历程、心路历程、思想观念和个人习惯，然后记录下自己的感想和感受。

（3）扩展了解并体验更多积极正能量的情境。只要是适合自己兴趣特点的积极正能量的情境，都要想办法深入其中，多多了解，多多体验，全方位地给自己正面影响和刺激。

（4）旅游观光，亲近自然。选择自己最喜欢、最想去的地方或旅游景点，彻底畅快地旅游一次，真正深入大自然，与大自然亲密接触，激发自己人性中正和善的本能。

（5）选择榜样，引领正和善的行动。在现实生活中，选择最现实、最有代表性和针对性的关于亲情、爱情和友情的事例，让自己感动，让自己心动，促进针对坏习惯的改变行动。

（6）用现实的利、害、情、理事例，强化自己改变的行动。即通过摆事实，讲道理，诱之以利，胁之以灾，动之以情，晓之以理，通过综合信息共同影响和作用，促进个体内在思想和态度的改变，进而自愿实施改变行动，而不是纯粹外力推动下自我被动式的改变。比如：有人生病去医院看病，医生根据他的病情，建议他戒掉烟酒，否则会加重病情或折损寿命，那么他由于害怕病情加重或生命过早结束，往往就能够迅速地戒掉烟和酒，这叫胁之以灾；骗子骗人、赌博、买彩票或者高利的引诱，总是让人非常容易发生改变，这叫诱之以利；用爱情、亲情、友情的真实事例来感动人，感化人，同样能让人第一时间发生根本性的改变，这叫动之以情；对于那些理性和智慧型的人，给予恰到好处的摆事实、讲道理，同样能触发他们的改变，这叫晓之以理。只要自己愿意改变，那么一切改变都不是问题。

（7）及时奖励，反复强化。对自己在习惯改变方面的些许微小改变，一定要第一时间对自己进行表扬、鼓励和认同，不断重复，不断强化，直到好习惯完全替代坏习惯为止。

情境抽离习惯改变法，是一种有价值且实用的习惯改变方法。用情境抽离习惯改变法来改变一个人的恶习，是非常理想且有效的。无论任何人，只要能够善用这一方法，就能够很自然地减少错误、失误，能够最大可能地避免愚蠢和盲目，自然就会少很多麻烦、纠纷、矛盾、冲突、烦恼和痛苦，人生将会变得非常顺利、快乐，命运也会随之改变。

伍

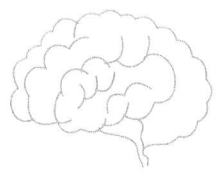

习惯改变实操篇

第一节　指导思想及实施方案

德国哲学家康德说：没有目标而生活，恰如没有罗盘而航行。爱迪生说：如果你希望成功，当以恒心为良友，以经验为参谋，以当心为兄弟，以希望为哨兵。计划、目标、恒心、经验、谨慎和希望，是习惯改变的核心要素，也是行为准则。

《礼记·中庸》曰：凡事预则立，不预则废。好的开始是成功的一半。一个不良习惯的改变，首先需要恰如其分地提前谋划，对习惯改变的整体状况进行综合考量；其次，需要制订切实可行的目标计划，坚定不移地坚持到底；最后，需要脚踏实地的行动，用行动来保障计划目标的实现。

（1）指导思想

人的习惯是生命系统中的一个有机组成部分，是潜意识自动自发的思想、语言、情绪、态度、意志和行为模式，不能强行根除，只能合理替代或弱化。

（2）坚持原则

新习惯替代旧习惯原则、理性主导和意识监控相结合原则、中断或忽略原则和日计划、日分析、日总结原则。

（3）计划目标

用端正规范的坐姿替代跷二郎腿的不良习惯。

（4）实施主体：自己

（5）实施方案

①坚持早课不间断。每天早起第一件事，就是做习惯改变的早课，即给自己的潜意识输入正能量、自我激励语言，坚定习惯改变的信念和决心，并制订当天习惯改变的实施计划及重点。

②坚持日分析、日总结。每天结束，总结回顾当天习惯改变的成绩和不足，思考并提出改进计划，明确第二天习惯改变的重点及注意事项。

③坚持记日志。把当天习惯改变的实施过程、成绩不足、感觉感受、思考领悟等如实地记录下来，直到成功为止。

④坚持追根求源。根据自己习惯改变的具体实际，结合自己所学所悟，借鉴之前习惯改变和养成的经验，结合当今时代通行的习惯改变思想、理论和方法，全面分析、研究、思考、体验和感受不良习惯改变和新习惯塑造过程及身心反应，一步一步深挖潜意识习惯的形成机理和改变之道。

⑤坚持以自我为靶目标。以自己作为习惯改变的实践主体，通过亲力亲为，获得准确可靠的主客观第一手资料。

⑥坚持理性和意识主导控制不动摇。以理性修养为前提，通过有意识地自我管理和控制，实现对习惯改变全过程的理性主导和意识监控，防止感性和主观习惯性思想行为干扰和破坏习惯改变的进程。

⑦坚持故事强化和点评不改变。每天都要根据习惯改变的具体情况，精选或创作一则故事，并对故事进行画龙点睛式点评，增加趣味性和可读性，既能激励自己，又能促进读者的思考和领悟。

科学证明：跷二郎腿确实是一个不好的习惯，天长日久，会极大地损害人的身心健康。对于我而言，跷二郎腿是一个相当顽固、伴随了自己30多年的不良习惯，这个坏习惯是如此严重，严重到自己只要是坐着和躺着，都会自然而然地跷起二郎腿，俨然成了自己的标配！

我相信，以我多年对中外哲学、心理学的学习研究功底，多年来对习惯改变的尝试、探索和实践，改掉这个坏习惯并不会太难，而且一定能够改变，一定能够彻底改变！

故事索引　世界首富的顿悟

保罗·盖帝是1957年美国《财富》杂志评出的世界首富。

保罗·盖帝有抽烟的习惯，一度抽得非常凶。

有一天他外出度假，开车经过法国时，正逢大雨，地面泥泞不堪，行车十分困难。为了安全起见，同时他也确实需要好好休息，他决定就近寻找旅店，以最快的速度把自己安顿下来。

经过多方找寻，他好不容易找到一个旅馆，迅速地安顿好一切，吃完晚饭即倒床大睡。

大约深夜两点，盖帝从睡梦中突然醒来，急切地想抽支烟。于是他打开灯，开始寻找。他翻遍了所有可能装烟的衣袋和旅行包，都是空空如也。

对烟的强烈渴望，使他心里越发焦躁不安，他不由自主地下床在房间里来回踱步。此时他心中只有一个唯一的念想，那就是第一时间找到烟并迅速抽上一口，他的世界当时只剩下烟，再也没有别的。

他清楚地知道，此时如果想得到一包烟，唯一的可能就是独自徒步穿过六条街到火车站去购买，因为只有那里半夜里有商店营业。

而此刻，窗外的雨大如瓢泼。在昏暗无光、大雨滂沱、天冷路滑的深夜，独自去那么远的地方买烟，确实很是为难。

然而对烟的强烈渴望、想象着第一口烟吸进体内的那种舒服和享受的感觉，使盖帝立即打消了他短暂的迟疑，他好像对一切都失去了知觉，对一切都不在乎，无论是大雨、是黑暗、是寒冷，还是个人的安全，都不是他考虑的，此时他所需要的，就是一支烟！

于是他快速地脱下睡衣，换上外套，穿上雨鞋，披上雨衣，关上灯，拿起钥匙准备出发。

就在他伸手开门的瞬间，一道闪电划破夜空，紧接着天空响了一个炸雷。闪电的光亮，透过窗户将自己的身影投到门上，显得很是诡异。当他下意识地看到自己映在门上的身影时，陡然一惊，好像被闪电击中一样，瞬间停了下来。在短暂的寂静之后，他开始狂笑起来，笑得似乎不能停止。他越笑越觉得自己可笑，而且可笑之极。

一个名利双收的人，一个富可敌国的大亨，一个商海中指挥若定的将军，居然会在三更半夜、暴雨如注的恶劣天气情况下，从暖和的被窝里钻出来，不顾一切地穿上雨衣雨鞋，独自一人要冒雨去六条街外的火车站买烟，简直不可思议！

一切的一切，只为能得到一支烟而已！

盖帝逐渐恢复了理性，他慢慢停止了对自己的嘲笑，开始静静地思考：刚才近乎荒谬疯狂的举动，似乎有一种魔力在强力地控制着他，使他不能自主、乖乖地听从魔力的指挥，而这个魔力仅仅是一支微不足道的香烟而已！

这是他平生第一次意识到这样的问题，也是他认识到的最为可怕的问题。他惊讶地发现：自己竟然被一个不好的习惯完全扼制住，如同陷进沼泽一样不能自拔。为了满足习惯的指使，他居然甘愿牺牲自己极大的舒适，哪怕是在暴雨如注、危险、路滑、冰冷的深夜也在所不惜！

此时，他恢复了往日一贯的理性和智慧，找回了一贯的霸气和决断，马上放弃购买香烟的行动，尽管他依旧渴望得到一支烟。

他顺手拿起放在桌子上的空烟盒，对它笑了笑，轻松地把它扔进废纸篓里，重新换上睡衣，熄灯倒卧在床上。盖帝闭上眼睛，听着窗外"哗""哗"的雨声，如同聆听世界上最美妙的音乐，感到前所未有的惬意！他获得了胜利，摆脱了烟魔的控制，得到了真正的解脱！

想着想着，他就睡着了。从那以后，他就再也没有吸过烟，甚至连吸烟的欲望都未曾有过！

盖帝说："我并不是把这件事摆出来指责香烟和抽烟的人，仅仅是想告诉大家，就我那时的情形来说，已被一个不好的习惯制服，差不多到了不可救药的程度，几乎成了它的俘虏！"

【点评】

好习惯使人受益，坏习惯使人受损；好习惯是人生命的保护神，坏习惯是人生的毁灭弹！人们常说："习惯决定命运。"当一个人被他所养成的习惯所俘虏、所制服时，他的习惯就会决定他的命运；而如果人能够制服自己的不良习惯，那么不良习惯对人的影响和决定作用就不复存在。人既然能够在后天养成习惯，自然就能在今天或明天改变习惯。只要人具有超强的理性和自制力，具有真正的智慧和魄力，那么坏习惯的改变往往就能够在瞬间完成，无论这个习惯跟了他多久、对他的影响和控制有多严重。人与不良习惯的斗争，本质上就是一个靠人的理性、自制力和智慧取得胜利的斗争！

第二节 习惯改变日记

第1天

一、早课

早上起床,进行一次心理暗示练习(连续念三遍)。

今天是美好的一天,今天一定很好,我一定对自己更满意!

我的习惯每天都在变好。

我每天都在进步。

我不再对任何事情感到失望。

我充满喜悦和爱,谁都打不倒。

我对我的生命完全负责。

要让事情改变,先得改变自己;要让事情变得更好,先让自己变得更好。

假如我不能,我一定要;假如我一定要,我就一定能。

我必须立即行动,绝不拖延、逃避。

成功者绝不放弃,放弃者绝不成功!

二、重点事项

(1)构建理性主导下意识对习惯的有意识监控。

(2)严格实施习惯改变指导思想、原则及实施方案。

(3)习惯改变是在自身工作、生活、休闲全天候的情况下进行,没有任何独立时间或专门时间用于习惯改变,保证习惯改变不会因工作、生活、休闲而造成干扰或中断。

三、过程记录

上午迎接上级领导检查，刚坐下来，就很自然地跷起了二郎腿，在意识监控发现之后，立即第一时间加以纠正。整个上午，这种习惯性地跷起二郎腿频繁出现，频繁纠正，无法准确计数。

午饭，刚一就座，自然就跷起了二郎腿，好在被意识监控到之后，都能够及时纠正，反复十次以上。

下午例会，情况有所好转：先后有三次在旧习惯刚要有动作时就被意识发现，从而停止习惯性动作的继续。有多次旧习惯做实之后意识并没发现，只是在自己变换体位时才突然觉知，然后才得以纠正。

晚饭整个过程中出现数次，在旧习惯做实了以后才被发现并及时纠正。

晚上到办公室坐在电脑前情况也是一样，坐下来就把腿跷起来，足见这个坏习惯有多么严重。

一天下来，至少出现五次旧习惯重复，而自己没有任何觉知，当自己觉知时，旧习惯延续的时间早已超过了半小时。

四、分析与思考

俗话说：好的开始是成功的一半。真正地践行，永远是成事的根本和第一要务。

习惯改变第一天宣告结束，突然发现坏习惯动作之频繁、之顽固，到了令人崩溃的程度。即便动作产生后被及时发现并纠正，但总有很多时候即便发生动作了意识也没有发现，导致坏习惯总是在不经意间反复呈现。尤其是反复重复纠正旧习惯，曾一度让自己手忙脚乱，应接不暇。

坏习惯之顽固、惯性力量之大，远远超出自己的想象。在一天的工作生活过程中，似乎总有一种力量顽固地推动跷二郎腿的不良习惯自动自发地重复。虽然在理性主导的意识监控之下，意识能第一时间监控到旧习惯的动作，并能做到立即停止动作，中断行为，以端正坐姿取而代之，但是那种不舒服、不自在的感觉非常严重，那种期求再次跷起二郎腿的强烈欲望有时到了自己控制不住的程度。由此可见，旧习惯的改变，无时无刻不在考验我们的理性意识监控能力，考验我们的意志力、坚持力和控制力。

突然意识到：理性主导下的意识监控，对习惯改变来讲是多么重要，甚至能直接决定习惯改变成功与否。在人改造不良习惯的过程中，旧习惯只有能够被意识监控到，自己的理性才有控制和主导的能力，旧习惯才有得到及时纠正的可能。如果连意识都意识不到，谈习惯改变，无异于是天方夜谭。

值得注意的是：每次跷腿的坏习惯被纠正之后，接下来总是不间断地有把腿再次跷起来的欲望和冲动；而当冲动被克制时，随之而来的便是身心的不习惯、不舒服。

更加需要关注的是：在理性和意识状态比较理想的情况下，旧习惯能够得到有效监控、纠正和管理；而当自己的理性和意识状态不佳，或者当自己身心无聊、不舒服、不快乐时，意识的监控力度会直线下降，就会第一时间不由自主地跷起二郎腿。更让人无可奈何的是，当跷起二郎腿之后，身心会有异常放松、协调、稳定和舒服的感觉。

由此可见，坏习惯在给自己造成危害的同时，也不停地使自己从中受益。坏习惯往往是最适合自己、最令自己享受和舒服的行为模式！

由此推断：习惯是人的一种潜意识，是自动自发的行为，是不受意识控制的身心最舒服的一种行为模式，也可以说是个体的一种特定特质和外在表现，是个体生命的一个组成部分、一种表现形式。

为什么这么说呢？因为人的特质和外在行为习惯，都是在潜意识的左右和控制之下实现的，是完全自动自发的，是根本不受意识控制的。通常情况下，如果人的理性和意识未经正规训练，那么对人整体的控制和影响，尤其是对自身固有习惯的管理和控制，往往是微乎其微的，甚至根本就没有任何效力。

人总是生活在潜意识的习惯里，用纯粹的理性和意识生活，并不是人的主导生存模式。如果一个人想要超越自我，从普通人中脱颖而出，首要的任务，就是对自己的理性和意识进行专门正规的训练，使之具有并能够实施对自身不良习惯的管理和监控，否则，人就不可能摆脱主观感性、潜意识和本能的控制和约束，就不可能收获积极、健康、理性、智慧和幸福成功的人生。

可见，人的理性和意识，在人的一生之中是何等的重要，在习惯纠正和改变中是多么关键。

可以说，只有真正意识到不良习惯的存在，用理性看清看透它，并用意识随时监控它，才是改变的真正开始。

也就是说，人，只有将问题或不良习惯上升到意识层面，解决问题和习惯改变才会成为可能。

但人的问题和不良习惯是完全的投机主义者，总是在意识大意、忽略、沉睡、注意力转移、警惕性下降或者迷糊时，第一时间跳出来兴风作浪，使人的问题解决和习惯改变成果付诸东流。

人的注意力和警觉性，是人问题解决和习惯改变的两大执行官，执行官能力是否强大，职责是否履行到位，直接决定问题解决和习惯改变的成败。

用理性和意识随时监控问题解决和习惯改变，不给它们丝毫投机的机会，即使出现投机现象，也总能第一时间发现并将之扼杀在萌芽状态。只要问题和不良习惯失去了投机的土壤和存在的条件，它们自然就会慢慢削弱并失去兴风作浪的能力。

通常情况下，人正向的改变总是会带来快乐和好运的。积极健康的正能量，是每个人健康、快乐、幸福和成功的必需品。人若在消极、痛苦、压抑、焦虑、紧张、恐惧、不安、失败等负性状态中生活，人生必然是灰暗的、失败的、不幸福的。

没有人愿意过痛苦、消极、失败和不幸的生活，没有人不追求快乐、健康、幸福、积极、成功的人生，这是人自我超越和改变的人性本能欲求。

趋乐避苦是人之天性，通过自我改变，追求人性中的真、善、美，是顺应人性及本能的举措，其益处和福报是无法用语言来描述的。

通过一天的习惯改变训练，突然发现：当自己跷二郎腿的习惯被正确姿势代替时，双手交叉的习惯也得到明显的控制。自我封闭、防御的身心打开了，内心紧张和不安消除了，取而代之的是喜悦、舒适、放松和平和。这充分说明，人只要外在发生哪怕是一丁点儿正向的改变，人整体都会发生改变，所谓牵一发而动全身，改变绝非单纯的某一方面的改变，而是身心综合系统的调整和改变。

五、结论

经过一天的习惯改变实践，突然感觉到自己坐姿特别正，所有人都没有自己坐得正、稳，外在形象非常好，思路清晰，内在感觉也非常舒服。

总体来说，尽管旧习惯的反复和顽固几乎让自己崩溃，整个改变的过程也不是很舒服自然，但这一整天的训练所取得的进步是可喜的。可以说，第一天的习惯改变是胜利的，是成功的，实现了开门红。

六、发现

人的习惯性行为，只有上升到意识层面，才能被理性和意识所管理和控制，否则，习惯如同脱缰的野马，任意横行而没有约束。

七、打算

巩固今天习惯改变的成果，强化理性主导下意识对旧习惯的监控，不给机会主义者任何机会和条件，哪怕是休闲或自由放松时间，哪怕是遭遇挫折、痛苦、失意、矛盾、冲突等消极情境时，理性和意识也不迷失，习惯改变的训练也不放纵、不破例、不中断，坚持到底，直到成功。

没有任何力量能阻止我的改变，绝对没有！

没有任何借口和理由，能影响和破坏我改变旧习惯，绝对没有！

我对自己有把握，对自己有信心！

故事索引　寒号鸟

在古老的原始森林里，阳光明媚，鸟儿欢快地歌唱，辛勤地劳动。其中有一只寒号鸟，有着一身漂亮的羽毛和嘹亮的歌喉。他到处卖弄自己的羽毛和嗓子，看到别人辛勤劳动，他嘲笑不已，好心的鸟儿提醒它说："快垒个窝吧！不然冬天来了怎么过呢？"

寒号鸟轻蔑地回答说："冬天还早呢，着什么急呢？趁着今天大好时光，尽情地玩乐歌唱吧！"

就这样，日复一日，冬天转眼就到了。鸟儿们晚上躲在自己暖和的窝里休息，而寒号鸟却在寒风里冻得发抖，用美丽的歌喉悔恨过去，哀叫未来："哆啰啰，哆啰啰，寒风冻死我，明天就做窝！"

第二天，太阳出来了，万物苏醒了。沐浴在阳光中，寒号鸟好不得意，完全忘记了昨夜的痛苦，又快乐地歌唱玩乐起来。

鸟儿们都劝他："快垒个窝吧，不然晚上又要发抖了。"

寒号鸟嘲笑地回答说："不会享受的家伙们，你们活得真悲哀啊！"

晚上又来临了，寒号鸟又重复着与昨天晚上一样的故事。就这样重复了几个晚上，有一天晚上大雪突然降临，鸟儿们奇怪寒号鸟怎么没了声音。

太阳一出来，大家便四处寻找。最后，它们在一棵树下的枯草落叶中找到寒号鸟，它已经冻死了。

【点评】

文嘉的《明日歌》中讲："明日复明日，明日何其多。我生待明日，万事成蹉跎。"面对生死存亡或者关系人生成败的大事要事，人必须要超前预防，做到有备无患。而对于影响人生成败的不良思想、语言和习惯，同样要坚决予以改变，否则必将因之而终身受损，甚至因之而毁灭！

第2天

一、早课

早上起床，进行一次心理暗示练习（连续念三遍）。

今天是美好的一天，今天一定很好，我一定对自己更满意！

我的习惯每天都在变好。

我每天都在进步。

我不再对任何事情感到失望。

我充满喜悦和爱，谁都打不倒。

我对我的生命完全负责。

要让事情改变，先得改变自己；要让事情变得更好，先让自己变得更好。

假如我不能，我一定要；假如我一定要，我就一定能。

我必须立即行动，绝不拖延、逃避。

成功者绝不放弃，放弃者绝不成功！

二、重点事项

（1）强化理性主导和意识对旧习惯的监控。

（2）习惯改变训练的坚持。

（3）旧习惯的反复问题。

三、过程记录

上午早会，居然没有出现旧习惯做实后才被发现的情况，旧习惯萌发之初就被意识监控到、并被立即停止和中断的情况多次发生。

上午忙于业务，由于一直走动和站着，坐的时间很少，所以旧习惯呈现的机会和次数不多，但是有一个特点，那就是每次坐下来，会直接把腿跷起来，此时意识并不能及时发现，等腿跷实了、意识开始运作时才发现旧习惯又犯了。

午饭，十来个人围着大圆桌就餐，你一言我一语，大家只顾着谈工作、交流和吃饭，完全忘记了习惯改变的事情，整个吃饭过程居然出现了3次腿跷了至少5分钟才被发现和纠正的情况，发生旧习惯未遂有3次。

中午休息前读书，包括休息前后，旧习惯做实并及时纠正3次，未遂2次。

下午去单位后山考察地形，包括晚饭，也都是站着的，没有坐过一次，所以旧习惯根本没有机会发生。

晚上，回办公室思考整理日志及读书，出现了旧习惯的8次未遂行为，但没有一次做实后才被发现。

四、分析与思考

习惯改变的第二天，旧习惯动作同样频繁发生到令人崩溃的程度，而且重复现象极为严重，旧习惯未遂或做实之后得到纠正的现象也极其频繁，可见要想改变这一顽固的习惯并不那么简单容易，需要长时间的坚持，还有很长的路要走。

今天，意识的监控和坚持的力量与旧习惯的力量一直在不停地抗争，这种内在的不和谐力量针锋相对，搞得身体始终处于一种焦灼矛盾冲突和不舒服的状态中，身体有明显的抗拒、排斥及不良反应，大脑思维也一度变得不是很清醒，出现了意料之中的调整不良、适应不良现象，但自己的信念、理性和意志并未受到根本的影响，因而并没有对习惯改变造成多大的负面影响。

但通过一天的训练发现：

（1）第一天训练的有效程度，对第二天的改变有直接正向的影响。

（2）人在忙碌的过程中临时或随机的就座，意识受到事务的影响和抑制，并不能及时跳出来行使监控功能，从而导致监控失效，一切照旧。好在自己早课做得好，能够有坐下来就检查旧习惯的意识，所以才不至于旧习惯一直存在而不自知。由此可见，动态的意识监控和静态的意识监控要紧密结合，共同承担监控作用，如此才能确保万无一失。单纯依靠任何一方面，都会使旧习惯有机可乘，导致改变过程艰难。

（3）当与上级领导或与同级的其他领导在一起时，往往就会忘记自己的一切，变得没有自我，整个人几乎被群体所同化或左右。在这种情况下，习惯改变将面临极大的考验，这往往是自己不能察觉的，更是不能发现的，所以往往很难有实效。

（4）自己全身心读书、工作或全身心地投入到自己的兴趣爱好中时，也会忘掉自我和其他一切，其间身体上的动作往往没有意识去关注，此时同样是习惯改变的困难之处。

（5）如果没有旧习惯发生的土壤或条件，旧习惯不会发生。人的习惯是建立在特定土壤和条件之上的，很少具有延展性。

（6）从事与习惯改变有关的事情时，由于注意力和心思都在这方面，所以动态意识的监控作用尤其敏锐和高效。也就是说，当自己正在做与习惯改变有关的事情时，或者正在做习惯改变训练时，意识的监控作用和效果是最理想的。

（7）在习惯改变的过程中，身体虽然出现诸多不适反应，但总体感觉还是良好的,是正向的。

(8)今后习惯改变的重点是理性、信念、意识、坚持和旧习惯的较量,哪方面的力量持久而强大,哪方面就会最终获得胜利。

五、结论

这是在与自己相伴 30 多年的旧习惯做斗争,是超越自我的关键性实践,能否成功将直接影响和决定我对习惯改变的认知和努力方向。

第二天习惯改变总体上讲是成功的,是值得肯定和表扬的,应当给予自己适当的奖励。

六、发现

由于我在训练自己改变跷二郎腿的习惯,因此,对他人是不是也有同样的习惯非常在意。通过一天之中对他人的观察,发现几乎所有的人都拥有跷二郎腿的习惯,这是相当普遍的不良习惯,只是各人的程度不同而已。

七、新的领悟

(1)坚持快乐训练原则。必须避免习惯改变所带来的不适和消极负面影响的不断增加和累积,这是关键之关键。

(2)人的理性、意识和坚持,都是在人静定的情况下表现最佳,因此,在习惯训练中加入静定训练内容,这将有助于习惯改变的圆满完成。

故事索引 麻雀练翅

一只小麻雀刚刚羽翼丰满,能够跟着爸爸妈妈学练翅了。

刚开始的时候,小麻雀最多只能飞比较短的距离就落到地下,再也飞不了。

几天后,小麻雀的翅膀越来越结实,能够飞行的距离越来越远。

一天天刚亮,妈妈对小麻雀说:"孩子,今天你跟着妈妈飞到小树上去。"

小麻雀看了看小树，说："树那么高，我那么小，我可飞不上去。"

麻雀妈妈说："孩子，你可以的，你一定能飞上去的，可以试试嘛。"

小麻雀虽然有点紧张，但还是向高处飞，试图落在小树枝上，可是几次努力全部失败，于是它不再尝试。

妈妈鼓励它："孩子，你行的，继续试试。"

小麻雀垂头丧气地说："不行不行，我根本飞不上去，不试了，不试了。"

麻雀妈妈看劝说无效，于是和蔼地对小麻雀说："好孩子，这样好不好，你跟着妈妈飞，妈妈飞哪儿你飞哪儿，妈妈站哪儿你站哪儿，好不好？"

小麻雀欢呼雀跃："当然可以，妈妈去哪儿我去哪儿。"

麻雀妈妈说："孩子，你飞的时候哪儿也不要看，只盯着我的尾巴就行。"

小麻雀说："好的，我飞的时候只看妈妈的尾巴。"

于是，麻雀妈妈开始起飞，小麻雀也跟着起飞。

妈妈飞啊飞啊，小麻雀感觉快跟不上了："妈妈、妈妈，我快飞不动了，停下来吧。"

妈妈说："好的，孩子，我们就停在前面的一根树枝上。"

小麻雀说："好的。"

于是，麻雀妈妈便稳稳地停在了一根树枝上，小麻雀也跟着停了下来。

麻雀妈妈问："孩子，感觉怎么样？"

小麻雀说："妈妈，有点累呢。"

麻雀妈妈说："孩子，你再看看刚才你想飞却飞不上去的那棵小树。"

小麻雀定神一看，不敢相信自己的眼睛，惊喜地说："妈妈，这怎么可能呢？刚才我用尽了吃奶的力气也没有飞上那棵小树，现在跟着妈妈飞，居然能飞到比小树高得多的大树顶上了呢？真是太不可思议了啊。"

麻雀妈妈说："好孩子，怎么不可能呢？你不是已经飞上来了吗？"

小麻雀说："可我刚才明明连小树都飞不去啊？"

麻雀妈妈说："孩子，我们再落到地上，你再向小树上飞试试，看能不能飞上去。"

落回地面之后，小麻雀开始向小树上飞。

这次，小麻雀居然感觉没费什么力气，就稳稳地落在了小树的顶枝上，它兴奋地叫道："妈妈、妈妈，我能飞上小树了！我能飞上小树了！"

麻雀妈妈说："孩子，当你在山脚下开始爬山的时候，大山在你眼里显得很高很远，你可能会认为连半山腰都不能到达；但是当你已经爬上山顶的时候，那半山腰根本就不值得一提了。在你第一次向小树发起挑战时，你会认为你没有能力飞到小树上去；然而当你发现自己已经能够飞到更高更大的树上之后，你会突然发现，原来那棵让自己畏难的小树，根本不值得一提。"

小麻雀说："妈妈，我懂了，做任何事情之前，首先不要自己把自己限制住、自己把自己吓倒，而是要努力去尝试，甚至做更难的尝试。"

【点评】

在做任何事情之前，人往往会给自己设定限制，从而被眼前的困难所吓倒，结果导致自己真的就如自己所认为的那样根本做不到。然而，当自己开始集中精力挑战更难更大的目标并获得成功时，就会突然发现，原来自己所担心和畏惧的，根本就不值得一提！人改变习惯的道理也是一样的，在习惯改变的初期，可能会认为哪怕是很小的习惯都改变不了。但是当通过自己的努力，克服并改掉了更困难更顽固的习惯之后，就会发现原来自己所畏惧的不能改变的习惯，根本就不值得一提。

第3天

一、早课

早上起床，进行一次心理暗示练习（连续念三遍）。

今天是美好的一天，今天一定很好，我一定对自己更满意！

我的习惯每天都在变好。

我每天都在进步。

我不再对任何事情感到失望。

我充满喜悦和爱，谁都打不倒。

我对我的生命完全负责。

要让事情改变，先得改变自己；要让事情变得更好，先让自己变得更好。

假如我不能，我一定要；假如我一定要，我就一定能。

我必须立即行动，绝不拖延、逃避。

成功者绝不放弃，放弃者绝不成功！

二、重点事项

（1）尝试将意识监控与忘我状态建立联结，让意识监控没有空当。

（2）将快乐机制引入习惯改变之中。

（3）关注理性在习惯改变过程中的重要作用。

三、过程记录

今天感觉精神状态特别好，精神抖擞，精力充沛，全身非常舒服和惬意。

早饭，没有出现旧习惯重复问题。

上午处理职工工伤问题、接待村民来访。整个上午没有出现一次旧习惯做实之后才被发现然后得到纠正的现象，旧习惯未遂累计出现约 10 次。

中午吃饭整个过程，旧习惯做实并及时纠正 1 次，未遂 2 次。

中午休息，旧习惯未遂 1 次。

下午一直开会，旧习惯做实并及时纠正 3 次，未遂 8 次。

晚饭过程中，旧习惯做实并及时纠正 2 次，未遂 5 次。

晚饭后散步，然后回办公室整理日志，未出现旧习惯做实和未遂现象。

四、分析与思考

习惯改变的第三天，出现了让自己意想不到的成绩和变化，全天旧习惯做实和未遂次数屈指可数，似乎全天自己都非常清醒和理性，尤其是意识几乎能够在任何时候都起到监控作用，没有出现一次习惯发生之后长时间没有被发现和纠正的现象，这确实不可思议。昨天还对习惯改变的过程及结果存在畏难情绪，并认为非长时间的坚持和努力是不能达成目标的，但今天出现的变化和结果，大大增强了我对习惯改变的信心和决心，而且自然而然地认为用不了多少天，习惯改变就能圆满完成。

当然，在习惯改变过程中，由于习惯被刻意中断和停止，所产生的不适应、不习惯、不舒服的感觉还比较普遍，只是感觉不是很强烈，没有达到令人痛苦、不能忍受的程度而已。

今天取得令人惊喜的进步，客观分析可能与以下几个因素有关。

（1）前两天训练已经进入记忆，触及潜意识系统，进而对习惯改变有积极正向的影响和作用。

（2）精神状态好，大脑清醒，反应敏锐，精力充沛，使人做什么事情都能高效、有序。人在精神状态好的情况下，做事情往往都是最高效的，感觉是理想的，是愉悦的、有成就感的。

（3）理性一直占据主导地位，或许正是理性的管理和控制，才使意识的监控作用得到最高效地发挥。人往往在精神状态好的时候，理性更容易发挥作用。

（4）把快乐融入习惯改变之中，是令人非常愉快的事情，即使出现了习惯改变所带来的身体上的不适反应，但那也只是瞬间的事情，如同过眼云烟，对自己并没有造成多大的影响。快乐往往是人行动延续的直接动力，而痛苦和不适则往往是人行动的障碍和阻力。因此，让改变快乐，然后快乐改变，最终达到快乐的目标。

（5）短短三天的坚持训练，用意识监控旧习惯似乎已经成为一种下意识的行为，只要二郎腿刚开始有动作，意识马上就会有反应，而且根本不需要理性去控制和管理，也就是说，通过训练，意识已经开始慢慢地扎根，并且随时能够履行监控的职能。意识一旦监控到旧习惯的出现，身体也能立即自动停止和中断旧习惯行为，这是最可喜、最值得肯定的变化和进步！

五、结论

第三天习惯改变训练取得的成绩和进步是可喜的，远远超出自己的本来预期，今天的习惯改变是成功的。

六、发现

今天全天自己无论在任何场合，坐姿都非常端正，落落大方，全天居然有好几个人说我怎么那么板正和严肃，有几个人夸赞我的形象好，让我感觉很意外。

当把快乐原则应用到习惯改变中时，我发现习惯改变也可以是快乐的，并非想象中的那么不适应、不舒服，甚至痛苦。

不跷二郎腿，双腿感觉异常放松和舒服，身体姿势变得端正了，内在感觉越来越好，真正体验到了习惯改变成功的喜悦和身体端正的益处。

故事索引 去除杂草的妙方

先生带领众弟子到田野中游学。

当众人走过一片杂草丛生的荒地时,老师突然若有所思地停下了脚步。

弟子们知道先生发现了什么,于是不约而同地停下脚步,围拢在先生周围,静静地等待先生的教诲。

先生看了看众弟子,开口问道:"大家看到路边的这块荒地了吗?"

大家异口同声地回答:"看到了,到处是荒草。"

先生接着问:"用什么方法处置杂草最有效?"

一弟子回答:"用刀割,长出来就割掉,它们就没有机会长大了。"

先生回答:"割了还会长,长了再割,没有穷尽,不是最好的办法"。

另一弟子回答:"让牛羊每天来吃,牛羊不停地吃,草就越来越少,甚至被吃光了。"

先生反问:"如果所长的草牛羊都不喜欢吃呢?这个办法也不理想。"

又一弟子回答:"斩草就要除根,下功夫翻地,把草根全部拔除掉,草就长不了。"

先生回答:"草到处疯长,并不只因有根的存在,即便没有根,草子也会四处飘散,四处生根发芽,因此,这种方法非但不能从根本上把草除掉,反而会让新草长得更加旺盛。"

又一弟子回答:"那就用火烧,把它们活活烧死就没有了。"

先生:"大家都知道'野火烧不尽,春风吹又生'吧,火只能烧掉草地面部分,对于地下的根,是没有多大损害的,因此,大火过后,用不了多久,草依然会重生。"

弟子们开始沉默不语,因为他们知道,草的无处不生和顽强的生命力，是远远超出他们想象的。

先生见大家都不再言语，于是对众人说："我们继续游学，明年这时候，大家再来这里，就什么都知道了。"

于是弟子们带着疑问继续游学。

第二年的同一天，弟子们按照先生的吩咐不约而同地聚集到约定地点，他们发现原来杂草丛生的荒地上，长满了绿油油的庄稼。

看到先生没有来，于是大家就开始耐心地等待。

等了很久，也没见先生出现。

一个弟子突然对大家说："大家不用等了，先生已经用他的实际行动告诉我们答案了。"

大家很诧异，先生没来，什么也没说，怎么就告诉答案了呢？

这个弟子接着说："要去除田间的杂草，最好的方法，就是在田地里种上庄稼！"

众弟子恍然大悟。

【点评】

杂草具有极其顽强的生命力，无论什么样的环境条件，只要有可能，它们就会毫不犹豫地生根发芽，努力生长。要想除去田间的各种杂草，最好的方法就是在田里种上庄稼，使杂草无立足之地。即使杂草已经生根发芽，也会因主人的打理和庄稼的强势压制，使其失去扎根壮大的条件。在田地上种满庄稼，才是解决杂草最理想的方法。

人的心田也如同田地一样，总会在不经意间长满杂草。要想去除这些杂草，最好的方法就是在心田上种上美德。人的习惯也是一样，要想去除自身的坏习惯，最好的方法就是使自己拥有更多好习惯，使坏习惯无立足之地，更无壮大的可能。

第 4 天

一、特殊情况简述

由于昨天 21：50 突发生产事故，整夜在现场指挥处理，直到第二天上午 9 点才处理好，才有时间吃早饭。

吃好早饭后立即参与事故追查，所以早课暂停，重点事项顺延昨天不变。

二、过程记录

早饭，不知何时跷起的二郎腿，直到吃饭结束才发现，已经不需要纠正了，直接起来去会议室。

上午事故追查会：开始阶段频繁出现旧习惯未遂行为，次数已经无法统计；中间在对责任人进行追查、问责以及分析总结过程中，忘记了习惯改变的事情，导致整个过程一直跷着二郎腿；最后统一意见整理材料的过程中，同样是频繁出现旧习惯未遂现象，次数已经无暇去统计。

午饭坐下就吃，5 分钟完成，没有旧习惯存在与否的意识和概念。

中午把事故处理情况和追查结果向领导汇报，征求处理意见，没有休息。期间有过七、八次旧习惯未遂行为，旧习惯做实并持续 10 分钟以上的达 4 次之多。

下午开全体管理人员会议，整个过程出现旧习惯持续半小时以上未发现 1 次，做实后及时发现并纠正五次，未遂 12 次。

晚饭 8 分钟，旧习惯未遂 5 次。

晚饭后整理日志过程中，旧习惯做实并得到及时纠正 1 次，未遂 3 次。

三、分析与思考

当习惯改变遭遇突发状况时，习惯改变训练就只能被迫中断，即便能够坚持训练，也只能是短暂行为，因为根本就没有心思和精力来关注和做这件事情。在这种情况下，对习惯改变进行理性控制和意识监控等，都将受到极其巨大的挑战，甚至一度处于完全失控状态。

面对突发性状况，会出现很多意想不到的问题。

（1）由于整夜在现场处理生产事故，没有时间休息，因而直接导致第二天精神状态不佳，精力不济，思维及行动反应迟钝，理性和意识往往处于边缘状态。

（2）当事务缠身又压力巨大时，所谓习惯改变训练往往会变成根本不可能去实施的事情，结果自然可想而知。

（3）在精力不济、思维迟钝混乱、事务缠身的情况下，习惯改变所带来的不适感、不舒服感，甚至达到令人无法忍受的地步，可以用痛苦来形容。然而任何人习惯的改变，都不可能完全去除外界的干扰以及事务的影响，在这种情况下，如何保证习惯改变正常进行呢？这是个非常关键且极端重要的问题。如果这个问题处理不好，可能习惯改变就会在这个阶段中断或流产。

（4）在非常规的情况下，在自己身不由己、压力巨大又精神不振的情况下，习惯改变训练要不要进行，是暂停还是坚持，答案是肯定的：必须要坚持，再难也要做，做得再差也要做，无论如何也不能中断和停止。否则，一旦发生一次例外，往往就会有第二次、第三次……无数次例外，最后让习惯改变被无休止地中断和停止，最终不了了之。可以说，突发状况才是检验习惯改变能否成功的关键点和试金石，因为人们如果在正常理性清醒的情况下，做什么事情都能有条不紊，但当人们遇到突发意外时，往往就会手忙脚乱，不知所措，丢这忘那，一塌糊涂。谁能够在突发混乱的状况下仍能镇定自若，仍能有条不紊，仍能坚持做自己计划中的事情，谁就是真正的强者。

（5）今天的突发状况其实很正常，并没什么特殊之处，只不过相对于习惯改变而言，确实是个灾难性事件，可能会直接导致习惯改变中断和停止。然而，无论怎么样，只要自己有工作、有家庭，各种各样的意外事情会多到数不胜数，这都是非常正常的事情，谁也没有确定且完全稳定不变的时间和环境来专门进行习惯改变。更关键的是，人的任何习惯，都必须经历现实生活的检验，经受生命种种挫折和痛苦的考验，经受各种麻烦、问题以及突发状况的冲击。习惯不能脱离人的现实生活，习惯永远与现实生活紧密相连、如影随形，而且永远处在生活的动态大系统之中。因此，习惯改变，必须每天坚持，无论遇到什么情况，都必须进行，否则，除了努力白费、习惯照旧，还会有什么结果呢？习惯改变一旦停止或中断，如同人戒烟、戒酒中断复发一样，非但烟、酒没戒成，反而烟瘾、酒瘾越发大，远不如不戒来得好。

四、结论

第四天习惯训练成效几乎为零，旧习惯卷土重来，锐不可当，如果细细想来，能够达到令人崩溃到放弃的程度。今天的习惯改变是失败的，好在我最终还是坚持了下来。

五、发现

（1）早上没有做好习惯改变的早课是不行的。

（2）面对突发状况，最初的计划和打算往往都会泡汤，根本派不上用场，计划赶不上变化，这是客观实际，不以人的意志为转移。

（3）面对突发状况，习惯改变所带来的快乐根本就是奢望。

（4）顽强的意志和永不放弃的坚持力，才是习惯改变最关键最重要的品质，才是改变成功的保证。

（5）在身不由己、混乱无序的状况下，人保持镇定，往往才能使意志和坚持力得到保证和实施，因此，静定才是智慧之本。

故事索引 离成功只差半英里

近半个世纪前,有一位美国妇女名叫佛罗伦斯·查德威克,她曾勇敢地挑战英吉利海峡,并成为世界上第一位横渡英吉利海峡的女性。

在完成这个壮举之后,她没有丝毫懈怠,而是立即着手向下一个目标——卡塔利娜海峡挺进了。一旦成功,她就是世界上第一位游过这个海峡的女性。为此,佛罗伦斯做了大量的准备工作,准备在1952年7月4日的早上开始这次征程。

可是那天清晨天气非常糟糕,海面上的雾气很浓,她连护送自己的船只都无法看到,只能一个人在海中孤独地游着。海水也特别冷,冻得她浑身发麻。时间慢慢过去了,15个小时之后,她感到又冷又饿,疲惫极了。她知道自己不能再游了,于是停下来请求教练和随行的母亲把她拉上船。他们鼓励她:"千万不要轻易放弃啊,只要再坚持一下就到了。"但是,由于她看不到海岸,觉得希望实在渺茫,毅然决定放弃。这时,她已经游了15个小时55分钟。她不知道,其实她离海岸只有半英里了。

后来佛罗伦斯后悔地说:"如果天气能晴朗一些,如果我能看得到陆地,我就绝对不会放弃。"

两个月后,她重整旗鼓,再次挑战卡塔利娜海峡。这次天气好多了,她成功地游过了这个海峡,成为游过卡塔利娜海峡的第一个女性,而且比男性的纪录还快了大约两个小时。

【点评】

美国潜能大师博恩·崔西说:成功就等于目标,其他一切都是这句话的注解!人有了明确的计划目标之后,更重要的是对实现目标的坚持,以及在坚持过程中对挫折和困难的克服,只有咬定目标不放松,再苦再难不放弃，才能抵达成功的彼岸，收获胜利的果实。面对与自己多年相伴相生的不良习惯，试图短时间就完全改变或消除，或者在改变习惯过程中遇到挫折或困难就轻易放弃，习惯改变注定会失败。坚持才会胜利，不放弃才能成功！

第 5 天

一、早课

早上起床，进行一次心理暗示练习（连续念三遍）。

今天是美好的一天，今天一定很好，我一定对自己更满意！

我的习惯每天都在变好。

我每天都在进步。

我不再对任何事情感到失望。

我充满喜悦和爱，谁都打不倒。

我对我的生命完全负责。

要让事情改变，先得改变自己；要让事情变得更好，先让自己变得更好。

假如我不能，我一定要；假如我一定要，我就一定能。

我必须立即行动，绝不拖延、逃避。

成功者绝不放弃，放弃者绝不成功！

二、重点事项

（1）调整身心，使习惯训练恢复正常状态。

（2）无论遇到什么情况，都坚定信心不动摇。

（3）接到新任务，总公司成立督察组，去各分公司全面督察工作，时间预计半个月，其间没有午休，决定充分利用中午可能的时间进行放松练习，以替代午休。

"和润心田"放松练习初级（上）

导引语：

请您端身正坐，面带微笑，身体放松，双眼微闭。

深深地吸气，深深地呼气。停顿5秒。

深深地吸气，深深地呼气。停顿5秒

深深地吸气，深深地呼气。

把我们的意念集中于头顶中部的百会穴，定住，心中默念：1、2、3、4、5、6、7、8、9、10。

在百会穴将我们的意念转化成暖流，遍布整个头顶，默念：放松。然后用意念导引暖流从头部开始，沿着身体的前部表面均匀缓慢地流淌。

暖流到达额头，默念：放松。

暖流到达眉毛，默念：放松。

暖流到达眼睛，默念：放松。

暖流到达鼻子，默念：放松。

暖流到达嘴部，默念：放松。

暖流到达下巴，默念：放松。

暖流到达脖子，默念：放松。

暖流到达前胸部，默念：放松。

暖流到达上腹，默念：放松。

暖流到达小腹，默念：放松。

暖流到达胯部，默念：放松。

暖流到达两大腿前表面，默念：放松。

暖流到达两膝盖前表面，默念：放松。

暖流到达两小腿前表面，默念：放松。

暖流到达两脚踝前表面，默念：放松。

暖流到达两脚面，默念：放松。

暖流到达十个脚趾，默念：放松。

把意念定在两个大脚趾尖，心中默数：1、2、3、4、5、6、7、8、9、10。

让我们的意念重新回到百会穴定住，心中默数：1、2、3、4、5、6、7、8、9、10。

在百会穴将我们的意念转化成暖流，遍布整个头顶，默念：放松。然后用意念导引暖流从头部开始，沿着身体的后部表面均匀缓慢地流淌。

暖流到达后脑，默念：放松。

暖流到达颈椎，默念：放松。

暖流到达后背，默念：放松。

暖流到达后腰，默念：放松。

暖流到达臀部，默念：放松。

暖流到达两大腿后表面，默念：放松。

暖流到达两个腿窝，默念：放松。

暖流到达两小腿肚，默念：放松。

暖流到达两脚踝后表面，默念：放松。

暖流到达两脚后跟，默念：放松。

暖流到达两脚掌，默念：放松。

暖流到达脚心，默念：放松。

把意念集中在两个脚心的涌泉穴定住，心中默数：1、2、3、4、5、6、7、8、9、10。

让我们的意念重新回到百会穴定住，心中默数：1、2、3、4、5、6、7、8、9、10。

在百会穴将我们的意念转化成暖流，遍布整个头顶，默念：放松。然后用意念导引暖流从头部开始,沿着身体的左右表面均匀缓慢地流淌。

暖流到达左右脑,默念:放松。

暖流到达双耳,默念:放松。

暖流到达两个脸旁,默念:放松。

暖流到达脖子左右表面,默念:放松。

暖流到达双肩,默念:放松。

暖流到达两上臂,默念:放松。

暖流到两胳膊肘,默念:放松。

暖流到达两前臂,默念:放松。

暖流到达两手腕,默念:放松。

暖流到达两手背,默念:放松。

暖流到达双手的十个手指,默念:放松。

暖流到达两手掌,默念:放松。

然后将意念集中在双手的劳宫穴定住,心中默念:1、2、3、4、5、6、7、8、9、10。

深深地吸气,深深地呼气。停顿5秒。

深深地吸气,深深地呼气。停顿5秒。

深深地吸气,深深地呼气。

活动一下头部

活动一下胸部

活动一下双臂

活动一下双手

活动一下双腿

活动一下双脚

慢慢地睁开双眼,放松练习结束。

三、过程记录

早饭，出现 2 次旧习惯未遂行为。

去总公司的路上，边走边讨论问题，旧习惯做实之后发现并及时纠正 1 次，未遂 3 次。

到总公司开预备会，旧习惯做实之后发现并及时纠正 5 次，未遂 10 次。

午饭全过程，旧习惯未遂 3 次。

中午乘车去指定的下属分公司，在车上进行自创的"和润心田"放松练习，效果非常好。练习过程中，未出现旧习惯重复问题。

下午到分公司开会，布置任务，开展工作。整个下午旧习惯做实之后发现并及时纠正 3 次，未遂 6 次。

晚饭招待用餐，时间比较长，喝了点酒，旧习惯做实并及时纠正 8 次，未遂 11 次。

晚上乘车回单位，旧习惯做实未发现 1 次，及时纠正 2 次，未遂 3 次。

晚上整理日志，没有旧习惯重复行为发生。

四、分析与思考

今天由于公司下达特殊任务，因此自己的作息规律被完全打乱，一整天几乎都在开会、检查、调研、整理材料、拟订方案等，属于意外事件。

然而从全天习惯改变过程来看，一切都能够掌握在自己的控制之内，没有出现混乱和失控现象，因而习惯改变能够始终坚持不间断。

今天也出现了旧习惯重复未被意识发现的现象，说明意识监控还是存在疏忽和大意的时候，意识监控还不能做到周密、适时监控，还是有漏洞存在。

今天最重要的是，在午休不能正常的情况下，用自创的"和润心田"

放松练习替代午休，甚至比真正卧床午休效果更好，全天精神状态都很好，意识很清醒，几乎未出现情绪化的现象。

虽然在各个阶段都还存在旧习惯重复问题，但是相比昨天混乱崩溃的情况而言，已经是非常理想了。应当说，特殊阶段一过，习惯训练能够很快恢复正常。

昨天在最忙碌、最混乱、最身不由己的时候，能够间断坚持习惯改变训练不放弃，今天在特殊的情况下习惯训练没有出现问题，而且效果也非常好。

应当说，一天之中虽然忙忙碌碌，几乎没闲多大一会儿，但是全天精神状态还是蛮好的，对自己的训练还是很满意的。

今天最突出的感觉是，旧习惯只要产生动作，意识就能立即警觉发现并及时得到纠正。也就是说，意识监控旧习惯已经成为下意识的行为，无须经过理性的管理或控制，就能自动自发地产生反应，这是这几天训练最大的进步，也是习惯改变的核心。

五、结论

能够按照早上制订的计划重点进行习惯改变练习，虽然成绩不是太理想，但总体上讲还算是成功的。

六、发现

人做任何一件事情，如果在自己最混乱、最劳累、最身不由己的时候仍然能够坚持，那么在其他情况下坚持做同样的事情就变得非常容易了。虽然在困难的时候坚持做相关训练是痛苦的，但是后期所带来的益处却是无法用语言来描述的。可以说，人做任何事情，能否顺利进行，关键就看他在最困难、最混乱的特殊阶段能否咬牙坚持。坚持了，就顺利过关；不能坚持，往往就会出现停止或中断，导致事情流产或失败。

故事索引　龟兔赛跑

兔子长了四条腿，一蹦一跳，跑得飞快。

乌龟也长了四条腿，爬呀，爬呀，爬得真慢。

有一天，兔子碰见乌龟，笑眯眯地说："乌龟，乌龟，咱们来赛跑，好吗？"乌龟知道兔子在开他玩笑，瞪着一双小眼睛，不理也不睬。兔子知道乌龟不敢跟他赛跑，乐得摇着耳朵直蹦跳，还编了一首山歌笑话他：

"乌龟，乌龟，爬爬爬，

一早出门去采花；

乌龟，乌龟，走走走，

傍晚还在家门口。"

乌龟生气了，说："兔子，兔子，你别神气活现的，咱们现在就来赛跑！"

"什么，什么？乌龟，你说什么？"

"咱们这就来赛跑。"

兔子一听，差点儿笑破了肚皮："乌龟，你真敢跟我赛跑？那好，咱们从这儿跑起，看谁先跑到远处山脚下的那棵大树下。"

乌龟想也没想就答应："好，就以那棵大树为终点，我们开始比赛。"

兔子差点笑背过气儿去，它看着乌龟，心想："就你那速度，猴年马月才能到达树下啊，我就是走也比你爬得快。"

于是它们开始并排准备，兔子喊口令："预备！一、二、三，开跑！"

兔子撒开腿就跑，跑得真快，一会儿就把乌龟远远地甩在了后面。

兔子跑了约大半路，回头看看，早已看不见乌龟的影子了，眼看胜利在望，兔子心想："乌龟敢跟兔子赛跑，真是天大的笑话！我呀，在这儿睡上一大觉，让他爬到这儿，不，让他爬到前面去吧，我三蹦两跳地就超过它了,照样能赢它。"

"啦啦啦,啦啦啦,胜利准是我的啦!"兔子把身子往地上一歪,合上眼皮,带着胜利的喜悦,安心地睡着了。

再说乌龟,爬得也真慢,可是他一个劲儿地爬。爬呀,爬呀,等他爬到兔子身边,已经累坏了。此时它发现兔子竟然在睡觉,心想:"兔子,你也太不把本乌龟放在眼里了,这回就让你输个心服口服。"

于是,乌龟加快速度,向终点爬去。

又经过很长一段时间,乌龟终于满身大汗、疲惫不堪地爬到了大树下。

此时,兔子还没赶上来,乌龟赢了!

兔子呢?它还在睡觉呢!不知过了多久,兔子醒了,睁开惺忪的睡眼,懒洋洋地往后看了看,还是不见乌龟的踪影。

于是它叹口气说:"这样的比赛也太没有成就感了,简直就是大炮打蚊子——大材小用!算了,不睡了,干脆走到大树下等着它吧,看它服不服气。"

于是兔子大摇大摆地向大树下走去,等它快到大树下时,才突然发现乌龟早已经在大树下了!

兔子怎么也不相信自己的眼睛,然而,事实证明:这次比赛是兔子输了!

【点评】

对于赛跑来说,跑得快,自然占据绝对的优势,但并不意味着一定能够赢得比赛。如果仰仗自己的优势就骄傲自满,认为早已稳操胜券,从而轻视对手,放纵自己,那么最终定会输掉比赛。

对于习惯改变,与龟兔赛跑性质一样。去除与自己相伴相随的不良习惯的速度可能比乌龟爬的速度还要慢；而新习惯的建立和养成，也可能同兔子跑的速度一样快。如果建立新习惯刚刚取得一点成绩就沾沾自喜，就骄傲自满，就浅尝辄止，就认为大功告成，那么旧的不良习惯必定会卷土重来，很可能快速超越新习惯并最终取得胜利，致使习惯改变失败，努力白费。新习惯养成在取得骄人成绩的基础上，仍需努力坚持，仍需再接再厉，仍需谦虚谨慎，只有这样才能稳操胜券，取得最后的胜利。

第6天

一、早课

早上起床，进行一次心理暗示练习（连续念三遍）。

今天是美好的一天，今天一定很好，我一定对自己更满意！

我的习惯每天都在变好。

我每天都在进步。

我不再对任何事情感到失望。

我充满喜悦和爱，谁都打不倒。

我对我的生命完全负责。

要让事情改变，先得改变自己；要让事情变得更好，先让自己变得更好。

假如我不能，我一定要；假如我一定要，我就一定能。

我必须立即行动，绝不拖延、逃避。

成功者绝不放弃，放弃者绝不成功！

二、重点事项

（1）用"和润心田"放松练习替代中午休息。

（2）保持理性的主导作用，确保意识监控周密高效，没有漏洞。

（3）检验习惯改变的坚持力。

三、过程记录

早饭，旧习惯未出现。

去分公司的路上，旧习惯做实并及时纠正 1 次，未遂 1 次。

上午，旧习惯做实并及时纠正 2 次，未遂 8 次。

午饭全过程，旧习惯未遂 2 次。

中午进行约 20 分钟的"和润心田"放松练习，练习过程中，未出现旧习惯重复问题。

下午旧习惯做实之后发现并及时纠正 5 次，未遂 3 次。

晚饭旧习惯未遂 3 次。

晚上乘车回单位，旧习惯做实及时纠正 1 次，未遂 4 次。

晚上整理日志，没有旧习惯重复行为发生。

四、分析与思考

今天全天比较稳定，习惯改变训练一直按部就班地进行，没有出现混乱失控现象。旧习惯未遂行为并不多，习惯改变所导致的内在不适应感觉并不明显，但依然存在。

特别需要指出的是：中午用"和润心田"放松练习替代午休，不但没有感到不舒服，反而感觉比平时午休的效果更好，更加清醒和舒服。"和润心田"放松练习极大地辅助了习惯改变的顺利进行。

今天有一次旧习惯发生未被发现，那是在集中精力工作的时候。结合前期自己读书或从事感兴趣的事情时意识监控失效情况，说明面对多少年如一日与自己共存的旧习惯，特别是当自己的某些好的正当的习惯性行为与旧习惯同时并存时，意识往往就失去应有的监控功能。因为旧习惯与读书、思考、写作或休闲等是相伴相生的，所以当相对应的习惯行为产生时，自己的意识和注意力全部集中在读书、思考、写作或休闲等方面，从而使相伴而生的旧习惯成为漏网之鱼。

由此可知：人正常正当的习惯和行为，往往会下意识地限制或弱化理性和意识，使理性和意识处于似有似无的状态，阻碍意识监控功能的正常发挥。此时，当旧习惯同步发生时，意识往往并不能知觉。也就是说，人的理性和意识，不具备与正常正当习惯和行为相伴相生的旧习惯实施监控的经验和能力。

也就是说，当人的不良习惯与好习惯相伴生时，改变坏习惯更需要训练理性主导下意识的监控能力。因为人对好习惯并没有防御意识，也根本没必要去改变和防御，所以当好习惯发生时，人往往沉浸在好习惯的模式和行为之中，根本意识不到与之相伴生的不良习惯。

所以，改变一个人的习惯，往往要更加关注习惯伴生群的调整和改变，很多时候，习惯改变的失败，往往就是习惯伴生依赖问题没有解决和处理好。

发现了习惯伴生问题，这是之前没有意识到的事情。而当意识到习惯伴生问题之后，调整意识监控范围和方式，改变往往也就不成问题了。

五、结论

能够按照早上列出的重点事项进行习惯改变练习，效果非常好，今天的习惯改变是成功的。

下一步重点是意识监控的范围扩大问题，要把意识监控范围从对不良习惯的关注上调整到与好习惯相伴而生的不良习惯的监管上，这样才能更加彻底地解决旧习惯问题。

六、发现

人的好习惯与坏习惯往往并不是孤立存在的，有时候是相伴相生的。或者说一个好习惯与另一坏习惯不是孤立存在的，可能具有更加紧密的伴生关系。

故事索引 改变也许只需几分钟

从前，在一个美丽的小村庄里，有一个叫罗伊的农夫，他家的庭院里有一块大石头。由于这块大石头就在进出必经之路上，所以经常有家人不小心被跌倒，或者擦伤。这块大石头的存在，困扰着家里的两代人。

一天，儿子问罗伊："爸爸，那块讨厌的石头，你为什么不把它挖走？"

罗伊回答道："你说那块石头？从你爷爷那时起，它就一直在那儿了，它是那么大，想弄走它谈何容易，与其没事找事挪石头，还不如走路小心一点，这样还训练你的反应能力呢。"

过了十几年，儿子长大了，娶了牧师的女儿贝蒂。不久，儿子也当了爸爸。有一天，贝蒂很生气地说："老公啊，庭院里那块大石头，我越看越不顺眼，改天请人搬走好了。"当了爸爸的儿子和他爸爸当年一样回答说："算了吧！那块大石头很重的，可以搬走的话在我小时候就搬走了，哪会让它留到现在啊？"贝蒂心里非常不是滋味，因为那块大石头不知道让她跌倒多少次了。

第二天早上，贝蒂带着锄头，提了一桶水，来到大石头跟前，她将整桶水倒在大石头的四周。十几分钟后，她用锄头把大石头四周的泥土一点点地挖掉。贝蒂早已横下一条心："今天挖不掉，明天接着挖；明天挖不掉，后天再挖；三天不行，就四天；四天不行，就五天、六天，直到把它挖出来为止。"

贝蒂并没有希望当天就能把石头怎么样，因此耐心地清理周围的土和碎石块。在石块四周的表层土都被挖掉之后，大石头下面出现了一个空洞，于是她把锄头柄插进洞里尝试性地撬了撬。在她用足了劲猛地一撬时，居然发现石头有动的迹象。

于是她喊来丈夫帮忙，结果一使劲，石头居然被全部翘起来了。原来这只是块浮石，并没有想象的那么大，所有人都被巨大的外表给吓住了。

【点评】

人往往会被眼前的困难或强大的事物吓倒，从而放弃哪怕是些许的努力和尝试。其实，真正的障碍并不是"石头"，而是人自以为是的思想观念。人的不良习惯，就如同上述故事中的大石头，它很顽固地存在于我们的潜意识之中，与我们相伴相随，以致我们从来就不去思考，不去质疑，不试图去改变，任由它不停地对自己造成消极的影响和损害。只要人能够解放思想，转变观念，能够认清不良习惯的根源和危害，能够真正将习惯改变付诸行动，并坚持不放弃，那么坏习惯也会如同那块石头一样，能够很轻易地被清除掉，并不像人们想象的那么顽固和困难。

第7天

一、早课

早上起床，进行一次心理暗示练习（连续念三遍）。

今天是美好的一天，今天一定很好，我一定对自己更满意！

我的习惯每天都在变好。

我每天都在进步。

我不再对任何事情感到失望。

我充满喜悦和爱，谁都打不倒。

我对我的生命完全负责。

要让事情改变，先得改变自己；要让事情变得更好，先让自己变得更好。

假如我不能，我一定要；假如我一定要，我就一定能。

我必须立即行动，绝不拖延、逃避。

成功者绝不放弃，放弃者绝不成功！

二、重点事项

（1）用"和润心田"放松练习替代中午休息。

（2）继续强化意识和理性在习惯改变中的重要作用。

（3）用理性主导意识，扩大意识监控范围，将意识监控扩展到好习惯的行为过程之中，实现意识对行为全方位的监管。

（4）坚持习惯训练不放松。

三、过程记录

早饭，旧习惯未遂 2 次。

去分公司的路上，旧习惯未遂 1 次。

上午，旧习惯做实并及时得到纠正 5 次，未遂 6 次。

午饭全过程，旧习惯未遂 3 次。

中午进行约 20 分钟的"和润心田"放松练习，做功练习过程中，未出现旧习惯重复问题。

下午旧习惯做实之后发现并及时纠正 2 次，未遂 5 次。

晚饭，旧习惯未遂 2 次。

晚上乘车回单位，旧习惯做实及时纠正 2 次，未遂 2 次。

晚上整理日志，旧习惯未遂 3 次。

四、分析与思考

全天有意识地在读书、写材料、开会、吃饭前等以坐为主体的事务之前整理自己的思绪，静定一下心神，验证一下自己的理性，明确一下意识监管的重点，因而全天习惯训练循序渐进，按部就班，没有出现异常情况。旧习惯出现未被发现这样的情况一次也没出现，做实后得到纠正次数以及未遂次数大幅度减少，习惯训练成效明显。

习惯改变成果之所以那么理想，得益于事前能够明心定性、静定身心，确定思路和重点，因而做到了有备无患；更重要的是放松练习，确保自己全天清醒、有精神，不至于出现疲劳和思维迟钝的现象，从而促进了习惯训练的正常进行。

每次事务之前的理性思考和意识监控重点的预案，对于习惯伴生问题的解决起着至关重要的作用，能够有效地发挥意识的全程监管作用，做到好习惯和坏习惯同步监管，从而避免发生坏习惯漏网情况。

"凡事预则立，不预则废。"这个人生智慧应用在习惯改变上尤为贴切。如果没有早课思想上的准备，没有事前的思考和预防，没有意识监管重点的分配，那么想让意识对自己的动态行为实施全过程监控简直不可能。所以说，人意识的监控是需要练习的，是需要理性参与管理和控制的，更需要事先建立连接并反复重复。意识监管人的行为，并非人与生俱来的，而是人后天不断练习强化的结果。

由此看来，做好充足的早课，事前做好充分的思考、谋划、预防和重点监管，是成就事情的关键，这也是习惯改变的经验之谈，或许能够应用到其他任何与人相关的行为领域之中。

最关键的还是作为主体的人要能够随时保持身心静定，能够忙而不乱，能够思路清晰，能够精力充沛，能够保持理性，如此才能够对自我全部行为过程实施有效管理和控制，才能拥有真正的智慧，才能使行为和事务高效、简洁、明快。

通过实际练习，发现"和润心田"放松练习对放松人的身心、静定人的心神、恢复人的体力精力和清醒人的大脑，具有神奇又持久的功效，以后要把它当成主要的静修功法。

五、结论

今天习惯改变成效显著，体悟很深，所获得的经验更加深刻。今天的习惯改变是成功的,值得奖励自己!

故事索引　学习没有捷径

有一个年轻人总感觉自己学习很不得法,效率低、收获少。

于是,他开始寻找捷径,想很快地领略到知识的奥妙,用最短的时间获得更丰富的知识。

在努力无果的情况下,他决定去拜访一位隐居在深山老林里的智者。

经过长途跋涉,他终于如愿见到了这位德高望重的智者。

年轻人恭敬虔诚地向智者求教:"尊敬的大师,请问我要怎样做,才能够很轻易地就学会您所有的智慧呢?"

智者面带微笑,静静地倾听,一言不发。

年轻人连问三遍,智者才开口反问道:"年轻人,你认为应该怎样做,才能够学会我所有的智慧呢?"

年轻人顿时语塞,定了定神说道:"正因为我不知道,所以才向您请教啊!如果我知道怎么做,何必还要大老远不辞辛苦地来向您请教呢?"

智者说:"无论如何,你总有自己的想法和思路吧。"

年轻人沉默了一会回答说:"我认为,最好大师能够一次性地教会我所有智慧的关键,让我能够完全了解大师您所了解的事情!"

智者听完没有言语,只是静静地从桌上拿起了一个苹果,然后放到嘴边,大大地咬了一口。

智者望着小伙子,口中不断咀嚼着苹果,仍然一言不发。

年轻人很好奇地盯着智者,疑惑越来越深。在经过一段时间的沉默之后,智者慢慢地张开嘴,把口中已经嚼烂的苹果残渣吐在左手手掌之中。

年轻人更加不解,但他知道智者肯定有话要讲,所以静静地等待。

只见智者伸出左手,把手中的食物残渣送到他面前说:"来,年轻人,把这些吃下去！"

年轻人惊讶得说不出话来，语无伦次地说："大师，您在跟晚辈开玩笑的吧，这……这怎么能吃呢？"

智者亲切和蔼地说："我咀嚼过的苹果，你当然不愿意吃；不光你不愿意吃，天下所有人都不愿意吃。然而，你为什么又想要轻而易举地就汲取我智慧的精华呢？你难道真的不懂得所有食物和营养，都必须经过自己亲自咀嚼吞咽然后才能消化吸收的吗？难道能够直接通过吞下别人的食物残渣而获得知识的精华和智慧吗？"

年轻人突然顿住，过了好一会儿，终于领悟。

于是，他满脸羞愧地拜别智者，开始了平淡又辛苦的求学生涯，再也不寻求什么捷径了。

最终，年轻人取得了非凡的成就！

【点评】

常言道：实践出真知。人做学问或学习技能，依靠别人是不行的，只能靠自己亲自去咀嚼和实践，通过自己深切的体悟和消化吸收，才能获得真正的知识和能力。寻求捷径，追求速度或高效，依靠他人的经验和帮助，往往只能习得皮毛，或者连皮毛都学不好、学不到。

人改变习惯也是一样，他人的经验方法，只能作为自己行动的指导，至于具体怎么做，怎么实施，一切还得靠自己，靠任何人都是没有用的。克服自身的不良习惯，只有自己做主，完全依靠自己，他人只能指导，不能替代。只有经过自己亲身实践而成就的改变，才是真正属于自己的改变！

习惯改变没有捷径，只有践行和坚持！

第8天

一、早课

早上起床，进行一次心理暗示练习（连续念三遍）。

今天是美好的一天，今天一定很好，我一定对自己更满意！

我的习惯每天都在变好。

我每天都在进步。

我不再对任何事情感到失望。

我充满喜悦和爱，谁都打不倒。

我对我的生命完全负责。

要让事情改变，先得改变自己；要让事情变得更好，先让自己变得更好。

假如我不能，我一定要；假如我一定要，我就一定能。

我必须立即行动，绝不拖延、逃避。

成功者绝不放弃，放弃者绝不成功！

二、重点事项

（1）用"和润心田"放松练习替代中午休息。

（2）坚持事前预防和谋划，确立意识监管的重点。

（3）继续加强伴生习惯的管理和监管，确保意识监管与日常事务及好习惯建立连接，实现意识的全过程监管。

（4）维系好身心的静定，稳定自己的情绪，确保理性和智慧不削弱。

三、过程记录

早饭，旧习惯未发生。

去分公司的路上专心看材料，旧习惯做实后发现并纠正3次，未遂5次。

上午，旧习惯做实并及时纠正 1 次，未遂 3 次。

午饭全过程，旧习惯未遂 1 次。

中午进行约 20 分钟的"和润心田"放松练习，练习过程中，未出现旧习惯重复问题。

下午整理打印材料，旧习惯做实之后发现并及时纠正 3 次，未遂 6 次。

晚饭，旧习惯未遂 1 次。

晚上乘车回单位，旧习惯未遂 2 次。

晚上读书，旧习惯做实后发现并及时纠正 1 次，未遂 1 次。

晚上整理日志，旧习惯未发生。

四、分析与思考

今天跷二郎腿的习惯做实后纠正共 8 次，未遂 19 次，基本都是发生在读书、看材料、整理材料等集中精力工作或兴趣之中，也就是说，最主要的问题还是伴生习惯没有监管好。只要习惯性的学习工作集中精力或者达到忘我的状态，二郎腿就会自然而然地跷起来，根本不用任何意志努力，完全是一种自动自发的潜意识行为。

对于习惯改变，伴随着改变进程的推进，往往就会转变成对伴生习惯的调整和改变。因为单一的旧习惯比较好管理控制，但是与好习惯相伴生的不良习惯，往往让人防不胜防。或者说，习惯改变失败的核心在于伴生习惯的处理和解决。只要这方面解决不好，习惯改变就很难彻底，或者说根本不可能得到真正改变。

值得称道的是，尽管周围的人都在跷二郎腿，我受到群体的影响，也存在"别人都在跷二郎腿，自己跷上一会儿也没什么关系"的想法和冲动，但我还是能够非常及时且有效地说服自己，让自己无论在任何情况下，都能坚持不让坏习惯重复和发生，从而有效地克服了群体效应对自己习惯改变的影响。

由此可知，人如果要想真正使习惯获得改变，就必须坚持自我，坚持原则，不受别人的影响和左右，自己就是自己，不管别人怎么样，自己就做自己，这一点非常重要。

相反，人如果很容易受到群体或他人的影响，在群体或他人的影响和干扰之下，身不由己或者轻率地放弃自己的原则和坚持，那么习惯改变将变得异常艰难，几乎不可能获得成功。

从某种程度上讲，但凡不能坚持自我的人，往往是无法改变不良习惯的人。

群体的影响和干扰，常常是习惯改变最大的克星。少有人能够在群体的影响下坚持自我，所以，人习惯的改变，往往在别人的干扰和破坏中完败。

克服群体的影响和干扰，是习惯改变要具备的极其重要的心理素质。

"别人都这样，我也可以这样"，这是极具杀伤力的思想观点。

"和润心田"放松练习，能够最大可能地使人保持静定和理性，能够激发人的潜能，开启人的智慧。

事前的预防和谋划，对习惯改变确实具有引领和决定作用。习惯改变能不能成功，从某种程度上讲，与事前的预防和谋划直接相关。

五、结论

今天的习惯训练效果显著，而且又有了新的认识和发现，是相当成功的。

六、发现

群体效应往往是习惯改变的最大障碍，如何解决群体习惯对个体习惯改变的影响，是个非常关键的课题。

故事索引　邯郸学步

战国时期，燕国有一个年轻人，特别羡慕走路优雅又好看的人，梦想有朝一日能够找到良师益友，好好学走路，让自己也能够风度翩翩。

一个偶然的机会，他听说赵国都城邯郸的人特别有风度，走起路来不紧不慢，潇洒又优雅，姿势也特别优美。"这不正是自己一直梦寐以求的良师益友吗？"他想。在经过深思熟虑之后，他毅然决定前去邯郸向他们学步。

他不顾家人的反对，带上盘缠，长途跋涉，几经辗转，终于到了邯郸，开始了他梦想的学步之旅。

刚到邯郸之时，他会把他所见到的每一个人当老师，每看到一个人就跟着这个人学，别人怎么走，他也跟着怎么走。但不同的人，走路姿势几乎完全不同，几经模仿学习之后，他越学越感觉迷茫、不知所措。尤其是当他来到人来人往的集市时，看着人们各种不同的步伐，他根本不知道怎么迈步，更不知道学谁的好。

经过慎重思考，他决定找一个他认为走路好看的人，然后跟着学。他看到一个年龄跟他相仿的年轻人，走路姿势异常优雅，他特别羡慕。于是他就决定跟随模仿：对方迈左脚，他跟着迈左脚；对方迈右脚，他跟着迈右脚；对方扭腰，他也跟着扭腰；对方左手前摆，他左手也跟着前摆；对方右手前摆，他右手也跟着前摆；一步一趋，一举一动，丝毫不让自己相差分毫。

在整个学步的过程中，他发现：当对方步伐出现变化时，他就会因为不能及时跟上变化而乱了方寸，不知如何跟随，也就根本顾不了什么姿势，因而搞得十分狼狈。

就这样，他丝毫没有放弃。当这个人走远，他跟不上之后，他就会再盯上另一个人，跟在另一个人身后亦步亦趋地学走路。由于他行为古怪，姿态夸张异常，因而常常引来众人停下脚步，把他当活宝一样观看和嘲笑。但他根本不在乎，无论别人怎么看，他都一定要把步子学好，谁都不能阻止他学步。

就这样，他每天都累得腰酸腿疼，但学来学去怎么也学不像。于是他想："学不好的原因，肯定是自己没有丢掉原来走惯了的老姿势和步法。"于是，他下决心丢掉自己原来的习惯性走法，从头开始学习走路，一定要把邯郸人的步法学会。

然而，几个月之后，这位燕国年轻人越学越差劲，不仅没学会邯郸人的走法，而且还把自己原来的走法也给忘了。

眼看带来的盘缠已经花光，自己一无所获，他十分沮丧，不得不半途而废，打道回府。

可是他已经忘了自己原来是怎么走路的，根本不知怎么走是好了。无奈，这个年轻人只好在地上爬着回去，样子好不狼狈。

由此可见，生搬硬套地模仿和学习是不可取的，结果往往是不仅别人的东西没学到，反而连自己原有的东西也给丢了，真是得不偿失。

【点评】

模仿是学习的基础，对于技能技艺的学习，通常都是从模仿开始的。然而，如果别人怎么做，自己只是机械地跟着做，丝毫不考虑自己的实际情况，那就不是学习。大家都那么做，你也那么做，结果你没有做到跟大家一样，反而丢掉了自己。

人的习惯改变也是一样的，不能因为自己所改变的习惯大家都有、都在做而选择停止或放弃改变，否则你将什么改变也不能完成。好的一面当然要学习借鉴，对于不好的一面，为什么要趋同呢？不加选择地趋同和模仿就是最大的愚蠢！

第9天

一、早课

早上起床，进行一次心理暗示练习（连续念三遍）。

今天是美好的一天，今天一定很好，我一定对自己更满意！

我的习惯每天都在变好。

我每天都在进步。

我不再对任何事情感到失望。

我充满喜悦和爱，谁都打不倒。

我对我的生命完全负责。

要让事情改变，先得改变自己；要让事情变得更好，先让自己变得更好。

假如我不能，我一定要；假如我一定要，我就一定能。

我必须立即行动，绝不拖延、逃避。

成功者绝不放弃，放弃者绝不成功！

二、重点事项

（1）用"和润心田"放松练习替代中午休息。

（2）继续坚持预防和超前谋划原则，争取养成好习惯。

（3）对伴生习惯严格管理和监管，将此作为习惯改变的重中之重。

（4）确保身心的静定和理性，因为这是习惯改变成功的关键。

（5）关注群体效应对习惯改变的消极影响。

三、过程记录

早饭，旧习惯做实后发现并纠正1次，未遂1次。

去分公司的路上，旧习惯做实后发现并纠正5次，未遂4次。

上午，旧习惯做实并及时得到纠正6次，未遂8次。

午饭全过程，旧习惯做实后发现并纠正2次，未遂1次。

中午进行约20分钟的"和润心田"放松练习，练习过程中，未出现旧习惯重复问题。

下午，旧习惯做实之后发现并及时纠正4次，未遂8次。

晚饭，旧习惯未遂1次。

晚上乘车回单位，旧习惯做实后发现并纠正4次，未遂6次。

晚上读书，旧习惯做实后发现并及时纠正2次，未遂3次。

晚上整理日志，旧习惯未发生。

四、分析与思考

今天跷二郎腿的习惯做实后纠正共24次，未遂32次，全部发生在日常工作行为之中。也就是说，旧习惯今天出现大幅度反弹，意识监控的效果大不如前。

应当说，今天的身心整体状况与以前并没什么不同，能够静定和理性，思想也不迟钝，精力也不是不充沛，但为什么会出现旧习惯集中反弹的现象呢？意识监控效率下降，监管能力被削弱，究竟是什么原因呢？

通过深入思考，我突然领悟到：人的意识如同人身心之门的门卫！任何一个单位或机构的门卫，在刚开始进入工作岗位时，都非常尽心尽责，而且非常积极主动，各方面都会做得到位且少有漏洞。但是随着时间的推移，门卫工作怠倦感增加，他的注意力、责任心和积极性，都随着每天工作的单调重复而变得麻木，门卫的职责开始出现漏洞和疏忽。人的意识也一样，在旧习惯刚开始改变时，意识处于刚刚上岗阶段，出于新奇和对好的结果的期待，对旧习惯的控制和管理也非常积极主动，尽心尽责，非常到位和有效。但随着时间的推移，长期单调地重复，意识也开始麻木和出现倦怠感，削弱了原有的警觉性和敏捷性。

由此可见，人通过意识监控旧习惯的改变，同样存在意识麻木、倦怠问题，而常变常新和快乐的感觉、及时的奖赏，对意识监控效能的保持和提升具有非常关键的意义和价值，甚至能够直接决定习惯改变的成败。

目前，虽然身体上对旧习惯改变的不适感在逐渐减弱，但是意识的监控效能也在减弱，改变的内心动力也慢慢减弱，改变的感觉似乎也慢慢在麻木，身体的警觉性在削弱，与好习惯相伴生的坏习惯却总能在毫无防备的情况下发生。

应当说，这种状态，是习惯改变的僵持阶段，也是身体调整进入慢性微调的阶段，与开始时大幅度大反应的调整相比，小到根本无法引起身体的反应，这也是人身心的感觉和反应变得迟钝、动力感不足的根本原因。

因此，在这个阶段，最重要的是要充分调动和发挥意识的监控效能，只要意识的积极性、警觉性还存在，只要内心对改变不放纵、不间断、不灰心、不失望，那么改变很快会得到根本性的突破。

意识对旧习惯的监控，是习惯改变的执行官，是习惯改变最重要的机制。

而坚持，永不放弃的坚持，才是胜利的根本！

今天习惯改变没有受到他人的影响和干扰，能够一直坚持自我，咬定目标不动摇。

五、结论

今天的习惯改变，出现了旧习惯集中反弹的问题，效果不是很理想，习惯改变不算成功。

六、发现

人的意识和理性具有缓慢弱化倾向，尤其是面对不断重复的行为习惯，意识和理性似乎会慢慢麻木到视而不见。这也能说明人为什么在自己习惯性行为发生时，根本意识不到自己在做什么，习惯性行为往往在不知不觉中自动自发地就完成了，而这也正是习惯养成和改变的关键所在。习惯养成和改变能否成功，往往由理性和意识的觉知程度决定！

故事索引　适时休息

美国陆军的研究表明：在长途行军的过程中，士兵每隔 1 小时放下背包休息 10 分钟，队伍的行军速度会大大加快。

英国首相丘吉尔一天工作 16 小时也不觉得疲倦，关键在于他知道如何防止疲劳。在繁重的工作过程中，在疲劳开始之前，他总是每隔一定的时间，都会及时上床休息一会儿，这样即使睡得很少，他也能够有效地防止和消除疲倦。

美国石油巨头约翰·洛克菲勒不但拥有富可敌国的财富，而且拥有令人羡慕的健康状态。他活了 98 岁，原因就是他养成了适时适当休息的习惯，这个习惯使他面对任何困难和压力都能精神抖擞、头脑清晰、行动高效。

爱迪生只要感到困倦了就立即上床休息，这习惯使他保持了旺盛不衰的创新力和创造力，他一生拥有 2000 多项发明，被誉为"世界发明大王"。

【点评】

实践证明：人的休息时间并不是越长越好，人的绝大部分疲劳是由精神和情感因素引起的，纯粹的生理原因引起的疲劳很少。因此，放松身体，静定心神，往往能够奇迹般地恢复体力和精神。有时哪怕仅仅是适当休息几分钟，都能有效抑制或消除疲劳。

养成适时适当休息的好习惯，是人身体健康和事业成功的法宝。

第 10 天

一、早课

早上起床，进行一次心理暗示练习（连续念三遍）。

今天是美好的一天，今天一定很好，我一定对自己更满意！

我的习惯每天都在变好。

我每天都在进步。

我不再对任何事情感到失望。

我充满喜悦和爱，谁都打不倒。

我对我的生命完全负责。

要让事情改变，先得改变自己；要让事情变得更好，先让自己变得更好。

假如我不能，我一定要；假如我一定要，我就一定能。

我必须立即行动，绝不拖延、逃避。

成功者绝不放弃，放弃者绝不成功！

二、重点事项

（1）用"和润心田"放松练习替代中午休息。

（2）用理性和智慧管理意识，防止意识麻木和弱化。

（3）坚持事前谋划和预防，做到有备无患。

三、过程记录

早饭，旧习惯未遂 1 次。

去分公司的路上，旧习惯做实后发现并纠正 1 次，未遂 2 次。

上午，旧习惯做实并及时纠正 1 次，未遂 10 次。

午饭全过程，旧习惯未遂 2 次。

中午进行约 20 分钟的"和润心田"放松练习，练习过程中，未出现旧习惯重复问题。

下午，旧习惯做实之后发现并及时纠正2次，未遂4次。

晚饭，旧习惯未发生。

晚上乘车回单位，旧习惯未遂1次。

晚上读书，旧习惯做实后发现并及时纠正1次。

晚上整理日志，旧习惯未发生。

四、分析与思考

今天跷二郎腿的习惯做实后纠正共出现了5次，未遂21次，虽然旧习惯发生的频次较昨天有较大的降低，然而相比前一天的成绩，仍处于没有进步的状态。

今天身心的状态总体不错，能够做到静定和理性，思路也比较清晰，反应也算灵敏。也就是说，在外部条件相同的情况下，习惯改变通过昨天的异常反弹今天回归到前一天的水平。

总体而言，今天旧习惯虽然重复频繁，但都能第一时间得到纠正；偶尔会出现旧习惯中断的不适感，但并不严重，也不是主流，持续时间也不长，能够及时得到控制和管理；尤其是对于端身正坐的新习惯，并没有感觉到什么不适，相反感觉挺自然。

今天有过两三次旧习惯呈现的时候，感觉特别舒服，有一种对旧习惯保留和延续的冲动和欲望，但都被理性克制住，没有让这种冲动延续。新习惯虽然已经逐渐成形，身心也逐渐适应，但是相比旧习惯行为给身心带来的舒服和好的感觉，新习惯根本就没有带来什么特别的感觉。

这说明，旧习惯虽然属于不良习惯，但是并非一无是处。任何人的不良习惯，相对于特殊的个体来说，总是有其独特的好处。正因为对个体有好处，最适合个体，所以经过多次重复，才被固定成习惯。

所以说，人的任何习惯，在开始之初，总是给个体带来舒服感和快乐感，是当时最适合身体特点的行为模式。正因为它并非一无是处，因此对于独特的个体来说，其好处与要养成的好习惯给身体带来的感觉相差不大。这或许能说明，人在习惯改变的过程中，总是会出现反复和中断，大概与身心自然的舒适度直接相关，是身心本能防御或拒绝改变的结果。

既然坏习惯并非一无是处，那是不是就一定要根除坏习惯呢？但是坏习惯之所以被称为坏习惯，是因为只要它存在，它所给个体带来的好处，总是被更大更严重的坏处所淹没。因此从总体上来讲，坏习惯改变对个体的好处是远远大于坏处的。

这也就是必须培养和塑造好习惯的理由。

然而，也正是坏习惯给个体带来快乐舒服的感觉，使身心本能地趋同与接纳，从而掩盖和抵消了好习惯养成初期给个体所带来的好的感觉；同时，因坏习惯改变带来的不适感和对新习惯的不适应感的叠加，使身心本能地拒绝和防御好习惯的延续和重复。也就是说，旧习惯的改变和新习惯建立的过程，就是一个理性与身心本能反应相抗争、相磨合的过程，这个阶段，也是好习惯与坏习惯僵持最激烈的阶段。

趋乐避苦是人的天性。一方面，个体希望改掉不好的旧习惯，建立好的新习惯；另一方面，旧习惯给个体带来的舒服感觉和快乐体验，让新习惯无法比拟和超越，因此身心本能地想要重复旧习惯。在新旧习惯斗争的过程中，身心对旧习惯的适应和愉悦感，往往是新习惯建立和旧习惯改变的最大障碍。人的这种本能的愉悦和趋同，往往是自动自发的，往往是不受理性和意识控制的，因而是防不胜防的。从某种程度上讲，旧习惯的改变和新习惯的建立，就是一个自己同自己本能欲望斗争的过程，谁能克服本能的控制和左右，谁就能成功。谁屈服于本能，谁就注定受挫和失败。

克服这种舒服的感觉，坚持新习惯的存在和保持，是习惯改变的最关键环节。

坏习惯自有坏习惯的好处，这是对习惯又一全新的认识。而坏习惯中的有益成分，恰恰可能是改变失败的最核心因素。

在新旧习惯僵持阶段，无论是习惯的伴生问题，还是旧习惯的本能接纳和适应问题，都是影响个体意志力、判断力和思想认知的决定性因素，同时也是影响个体理性和意识监控的关键因素。

无论旧习惯多么让人感觉舒服，给自己带来多大的快乐感，也不能让其重复存在，否则一切努力都将白费，旧习惯对自己的损害和影响将不会消失。

因此，无论遇到什么情况，都不会改变我对习惯改变的决心和坚持，我就是要通过自己的实践，来真正体会习惯改变真正的历程，领悟出习惯改变的真正奥秘。

习惯改变的决心和意志力，是困难、障碍的开山利剑，能够帮我们克服重重困难，最终达到胜利的顶峰！

五、结论

今天的习惯改变，虽然没有大的进步，但属于意料之中的调整过渡期，因此今天习惯改变也是成功的。

六、发现

坏习惯对人同样有益处，并非一无是处。

习惯改变最大的障碍是人的趋乐避苦的天性，是本能自动自发的反应。

故事索引　驯马与野马

在广阔无垠的大草原上，有一群驯马每天都在主人和猎狗的带领下在草原上牧草，日复一日，年复一年，没有自由，没有独立，只能服从，不能反抗。

在驯马群中，有一匹彪悍的成年雄马，总是不服管理，总想独自离群，因而总是被主人毒打，被猎狗追咬，苦不堪言。

越是被管得严，越是被打得厉害，越是被猎狗咬，它的逆反和叛逆心就越强，因而它几乎每一天都生活在痛苦和煎熬之中。

一个偶然的机会，马群中混入一匹野马，这匹雄性驯马看到混进来的这匹野马精神焕发，体膘身壮，野性十足，非常潇洒自在，特别羡慕。

于是，它不由自主地跑到野马身边，想向它请教如何才能和它一样自由快乐。

驯马："你好，朋友！"

野马："你好！"

驯马："你能告诉我如何才能做到跟你一样潇洒、自由、快乐吗？"

野马："你不潇洒、不快乐、不自由吗？"

驯马："当然，整天在主人的皮鞭吓骂和猎狗的追咬中生活，怎么可能有自由呢？怎么可能有快乐呢？简直是生不如死啊。"

野马："有人管你们吃喝住，风吹不着，雨淋不着，又冻不着，只有幸福安逸了，怎么会痛苦煎熬呢？你看你的家人们一个个不都非常惬意和快乐幸福吗？"

驯马："你是不知道啊，正因为吃喝住全部依赖主人，所以才会无条件地服从主人，任由主人打骂啊。"

野马："既然什么都依靠主人，那只能身不由己，一切服从主人的安排和指使了，为什么呢？因为离开主人，你或许根本就不知道怎么生存啊。"

驯马："那你不是活得好好的吗？自由自在，没有约束，想干什么干什么，多么轻松惬意。"

野马："你是不知道，我们也有难言之隐啊。我们是自由自在，但是我们必须要独自面对世界，必须要独自面对各种危险和麻烦，只能一切依靠自己填饱肚子，稍稍出现点什么意外，都可能面临灭顶之灾啊，我们也有我们的难处啊！"

驯马："既然一样是生活，为什么不靠自己的能力来生活，非要依靠他人呢？我宁愿自己独自面对一切困难和麻烦，也不愿意饱受主人的打骂和猎狗的追咬。"

野马："有主人的保护，虽然有猎狗的追咬，也没有什么大碍，相反能活得很好。如果没有主人的保护，当你遇到野兽时，野兽的追咬会要了你的命；在你生病或者出现意外时，你可能随时会倒下，不会有任何人能够给予你实质上的帮助，你有勇气脱离主人的保护吗？我可是经历无数次野兽的攻击，九死一生啊。"

驯马："我宁愿被野兽吃掉，也不想活在人家的世界里。要活，就要为自己活，绝不让自己活得没有快乐，没有自由，没有自我。"

野马："如果你有勇气脱离衣来伸手、饭来张口、一切依靠主人的护佑这样富贵稳定的生活，那么就跟我走吧，我带着你进入更加广阔的世界里去，带你去享用最鲜嫩可口的甘草，带你在大自然里自由自在地飞奔，享受你一直梦想的生活。"

驯马："太好了，这才是我一直梦想的生活啊，请你把我带走吧。"

野马："好的，我们现在就寻找机会，一起离开这里，离得越远越好！"

驯马："好的，一言为定！"

野马："一言为定，到时候你一直跟着我，我去哪儿你就去哪儿。"

驯马："没问题。"

当马群走到一处高岗上牧草时，趁主人不注意，野马带着驯马一溜烟跑入另一个低洼地，顺着洼地的小路，快速地消失在草原上。

自此，这匹驯马终于找到了自己想要的生活，在广阔无垠的草原上，和野马们自由自在地生活,再也没有痛苦和煎熬。

【点评】

习惯是人后天形成的,开始阶段人都是习惯的主人,然而当习惯养成之后,人往往就会变成习惯的奴隶,痛苦、煎熬、身不由己是在所难免的。要想真正拥有真实、快乐、自由的生活,就必须做习惯的主人。是人奴役习惯,而不是习惯奴役人。敢于打破固有的习惯模式,克服旧习惯所带来的安逸和舒适,让新习惯促使我们进取和拼搏,才能成就幸福美好的一生。

第 11 天

一、早课

早上起床,进行一次心理暗示练习(连续念三遍)。

今天是美好的一天,今天一定很好,我一定对自己更满意!

我的习惯每天都在变好。

我每天都在进步。

我不再对任何事情感到失望。

我充满喜悦和爱,谁都打不倒。

我对我的生命完全负责。

要让事情改变,先得改变自己;要让事情变得更好,先让自己变得更好。

假如我不能,我一定要;假如我一定要,我就一定能。

我必须立即行动,绝不拖延、逃避。

成功者绝不放弃,放弃者绝不成功!

二、重点事项

(1)用"和润心田"放松练习替代中午休息。

（2）用理性和意识监控身体的本能反应。

（3）不断增加和强化新习惯的益处和身心愉悦的感觉。

（4）坚定习惯改变的信心和决心，无论遇到什么困难都要坚持不放弃。

三、过程记录

早饭，旧习惯未发生。

由于公司出现突发状况，临时前往处置。

路上，旧习惯未遂2次。

上午，全程走动协调处理事务，旧习惯没有发生的条件，故旧习惯没发生。

中午简单用餐，进行了约10分钟难得的"和润心田"放松练习，练习过程中，未出现旧习惯重复问题。

下午同样没有坐的机会和条件，旧习惯没有发生。

乘车回单位，旧习惯未遂1次。

晚饭，旧习惯未发生。

晚上整理日志，旧习惯未遂1次。

四、分析与思考

今天的旧习惯仅仅出现了未遂行为4次，没有出现坐实之后被发现的情况。

从结果来看，今天是习惯改变训练以来最成功的一天。但是从全天的整个历程来看，全天几乎都在走动和站立中交涉和处理事务，根本没有时间和条件坐下来，没有旧习惯发生的条件。也就是说，并不是习惯改变取得了最好的成绩，而是工作性质和方式改变使旧习惯不能存在和发生。

由此可见，在习惯改变的过程中，如果有意识地让自己从事一些特殊的事务，让自己忙起来、动起来，让旧习惯失去发生的机会和条件，这样最起码能够在处理整个事务的过程中，旧习惯不会出现，甚至连出现的欲望都不会有。

如同烟瘾酒瘾大的人，当他们进行高空作业时，没有条件抽烟喝酒，这样即便他们的瘾再大，再无法忍受，也不可能有烟抽有酒喝，如此反而会使他们只顾工作而忘记了抽烟喝酒。再有瘾的人，一旦脱离瘾存在的土壤和条件，瘾往往就不能称之为瘾，相反个体会完全忘记。

这里存在一个最大的隐患，那就是当他们一旦从高空中下来，进入瘾的环境条件之中，他们的瘾会第一时间被调动起来，因而抽烟量和喝酒量会大幅度地增加，反而加深了瘾的程度。

也就是说，无论人是成瘾习惯也好，是不良行为、语言习惯也好，一旦脱离习惯存在的土壤和环境，瘾和习惯往往也就失去了存在的可能性，从而自然而然地消失不见。

由此可见，人的所谓瘾和习惯，并非严重到非做不可，而是有条件的，是自我能够管理和控制的，而不是纯粹的没法管理和控制。

人的瘾和习惯，脱离原生环境之后便自然消失，也正从一个侧面证明人超强的适应能力和认知决定能力。当自己认为无论如何也无法让瘾和习惯发生时，那么瘾和习惯自然消失无形。

那为什么当人回到瘾和习惯的原生环境之中，瘾和习惯还会加深加重呢？其中主要原因还是人的自我意志力问题，人总是给自己的行为寻找借口和理由，使自己的行为合理化；人总是想方设法投机钻空子，自己放松放纵自己，使自己趋同于本能的欲求，满足内在的舒适和满足。

人的内在似乎缺少自己向上走的力量，只要有可能，只要有条件，只要有机会，人总是尽一切可能放松放纵自己，让自己待在舒适圈里。很少有人能够自己给自己上升的力量。因此，人要想改变自我，要想不断上升进步，确实需要外在力量的支持和推动，来消解内在下行的力量，否则人真的很难实现真正意义上的进步和提升。

总而言之，有意识地让自己脱离旧习惯存在的原生环境，确实是克制旧习惯非常有效的方法，这也是改变习惯的有效方法和途径，但这种方法留下的后遗症比较明显，若控制不好，往往会使习惯加深加重，要慎重对待。

五、结论

今天的习惯改变，是一种特殊情况下的特殊改变，虽然成绩比较理想，但并非是常规现实的真实，然而今天习惯改变还是成功的。

六、发现

脱离旧习惯存在的环境，能自然而然在让旧习惯消失不见。

故事索引　经验的价值与应用

有一个木匠、一个读书人和一个商人，他们从小一同长大，关系很好。

转眼三十年过去了，平淡、百无聊赖的生活让他们厌烦。

正当他们对自己目前的生活不满意，都强烈寻求改变和提升时，他们偶然听到有人说："大海的另一边是个好地方，那里物产丰富，人口众多，气候适宜，非常容易发财。"

于是，三个人经过仔细商量后，决定克服一切困难，到大海那边去试试运气，以改变目前的生活模式。

他们各自买好了船，准备渡海，这时当地一位学识渊博、经验丰富的长者，特意赶来为他们送行，并提醒他们："那个地方很远很远，要在大海上漂流很多天；海上气象多变，风浪很大，你们渡海的时候除了带足食物与淡水等物品外，还要带上指南针，免得迷失方向，在大海里迷失方向，往往就意味着灾难啊。"

长者临走前，还特意教给他们许多应付风浪的经验和措施，以确保他们能平安到达对岸。

对于长者的提醒和忠告，三个人有的相信，有的不信。

木匠和读书人是相信的，所以每个人在置办了必要的生活用品和航海用具外，都买了一只性能优良的指南针。

商人却不相信老人的话，认为自己走南闯北这么多年，有着丰富的航海经验，没有指南针，自己照样能闯过各种大风大浪。于是，他只将一些食物和淡水装在船上，并没有做足够的准备，更没有准备指南针这一航海必备器材。

在一个风平浪静的日子，三个人的航船渐渐离开了海岸，一同结伴向大海那边出发了。

在航行的第二天早晨，大海被浓浓的大雾所笼罩，根本无法分清方向，十米之外的东西就看不见了。木匠与读书人依靠指南针的导引，航船没有偏离航向，仍然顺利地向目的地驶去。商人由于没有指南针，他感觉四处都是朦朦胧胧的，无论自己如何调用过去的经验，仍然无法辨明方向。不久，他就与自己的伙伴失去了联系。结果不幸闯进了急流，落了个船翻人亡的悲惨结局。

随着太阳的升起，天气逐渐转暖，大雾渐渐散去。

木匠和读书人发现商人不见了，尽管他们也试图寻找，但茫茫大海一望无际，根本看不到商人的踪影。于是他们也只好放弃寻找，并暗暗地为他祝福。

木匠和读书人继续按确定的方向前行。他们边航行边吃东西补充能量，走着，走着……忽然，在船的正前方，出现了一片礁林。

木匠很有经验，一看到礁林，立即放下食物，站起来大声对读书人喊："快绕开，不然船会被撞翻的。"

读书人却摇摇头说:"不行,不行!指南针指的这个方向一丝一毫也不能改,否则我们不但会绕路,而且可能到不了海的对岸!"

他不听劝阻,依然故我,径直将船驶进了礁林。结果触礁翻船,葬身鱼腹。

木匠无奈地摇了摇头,机智地绕过礁林,始终依据海里的情况变化不断操纵着航船。在经历了一次次风浪和危险之后,他顺利地到达了海的对岸,并经过自己的努力和拼搏,获得了巨大的成功,收获了丰厚的财富,过上了幸福快乐的生活。

这三个人中,商人犯了经验主义的错误,结果迷失方向,闯进了急流,船毁人亡;读书人则把经验当作永恒的法宝,不知依据实际情况灵活变通,犯了教条主义的错误,结果触礁而亡;只有这位聪明的木匠,能够把经验与实际相结合,灵活变通,与时俱进,具体情况具体分析,不认死理,终于到达了胜利的彼岸。

【点评】

经验是个体在与外界互动过程之中形成的具有一定价值的主观认知,是建立在独特个体特有的思维和行为基础之上的认知和行为模式。因此,经验对于不同的个体而言,只能借鉴,只能参考,万不能照抄照搬,因为我们根本不是经验的主人,我们也永远不可能和经验的主人完全一样,因此经验对于我们而言往往无用甚至起反作用。即使是自己的经验认知和行为模式,面对复杂多变的外部环境,也不可能全部有用有价值。因此,正确对待经验的态度是根据具体情况,灵活变通,见机行事,而不是死抱经验教条不放。

人的习惯改变也与经验借鉴一样,不能照抄照搬他人的经验。对他人习惯改变的经验和认知,只能借鉴,只能参考,一切还需要自己根据自身的实际情况，灵活变通，具体问题具体对待，不能生搬硬套，否则习惯改变不但无效，而且会起反作用。

第12天

一、早课

早上起床，进行一次心理暗示练习（连续念三遍）。

今天是美好的一天，今天一定很好，我一定对自己更满意！

我的习惯每天都在变好。

我每天都在进步。

我不再对任何事情感到失望。

我充满喜悦和爱，谁都打不倒。

我对我的生命完全负责。

要让事情改变，先得改变自己；要让事情变得更好，先让自己变得更好。

假如我不能，我一定要；假如我一定要，我就一定能。

我必须立即行动，绝不拖延、逃避。

成功者绝不放弃，放弃者绝不成功！

二、重点事项

（1）用"和润心田"放松练习法替代中午休息。

（2）关注群体效应对习惯改变的影响。

（3）强化意识对本能的监管。

（4）关注回归旧习惯原生环境之后习惯改变的过程。

三、过程记录

早饭，旧习惯做实后发现并纠正1次。

去分公司的路上，旧习惯做实后发现并纠正2次，未遂1次。

上午，旧习惯做实并及时纠正 5 次，未遂 3 次。

午饭全过程，旧习惯未发生。

中午进行约 20 分钟的"和润心田"放松练习，练习过程中，旧习惯未发生。

下午，旧习惯做实之后发现并及时纠正 4 次，未遂 2 次。

晚饭，旧习惯做实后发现并纠正 2 次。

晚上乘车回单位，旧习惯做实后发现并纠正 1 次，未遂 1 次。

晚上整理日志，旧习惯未发生。

四、分析与思考

今天跷二郎腿的习惯做实后发现并纠正 17 次，未遂 8 次，意识的监控作用严重削弱，自己已经本能地开始抗拒意识的活动，或者说意识已经开始麻木和疲劳了，自己已经进入习惯改变的"心理饱和期"。

或许是由于昨天太辛苦，加之半夜被电话吵醒之后再也没有睡着，休息不好，精力不济，理性弱化的结果吧。

可见，人生活规律的改变、休息不良，精神不振，环境的改变、事务缠身或情绪不稳时，旧习惯重复的可能性和频率会大大增加，所以，人内外不良的状态和环境，是习惯改变又一重要的影响制约因素。

身体不适、生病或精神苦闷、压抑使人身体抵抗能力降低，个人意识和意志力下降，若此时再伴随习惯改变的不适反应叠加，会使新习惯的坚持和行动面临极其严峻的考验，这往往促成旧习惯的反复和新习惯的中断。

身心不适再加上习惯改变不适的痛苦叠加，往往会使人本能地逃避和拒绝改变，严重削弱习惯改变的信心和意志力，这也是习惯改变的大敌。

人身心欠佳、精神不振再加上事务缠身，是习惯改变最困难、最难坚持、最容易放弃的时段。

五、结论

今天的习惯改变，受到休息不良、精神不振的影响，意识监控严重被削弱，因此，习惯改变是失败的。

六、发现

人身体和精神欠佳时，个体身心痛苦再加上习惯改变痛苦的叠加，往往会直接导致习惯改变的中断和放弃。

故事索引　半途而废

东汉时，有个名叫乐羊子的人，没有远大志向，凡事浅尝辄止，不求上进。

幸运的是，乐羊子有一个贤惠聪明的妻子，经常勉励他上进，使他克服惰性，不断求学进步。

有一天，乐羊子拾到一块沉甸甸的黄金，满心欢喜地向妻子炫耀。妻子非常生气地说："你捡的金子是别人掉的，不是你辛苦努力换来的，我们应该靠自己的双手去挣钱，而不是不劳而获还沾沾自喜。"乐羊子听完感到非常羞愧，连忙拿起黄金，跑回原处，等待失主前来并原封不动地交给失主。

有人建议乐羊子外出求学，不能这样无所事事，应该通过自己的努力光宗耀祖，封妻荫子。于是乐羊子回家与妻子商议，妻子自然非常高兴，鼓励他奋发上进，并为他准备行囊。

乐羊子外出求学转眼一年有余，由于思家急切，他向老师请假回家探亲。当妻子得知乐羊子没完成学业，因为想家而中断学业专程回家探亲时，非常伤心，二话不说就拿起剪刀，把自己辛辛苦苦织的布剪成两截。

乐羊子看后大惊，问妻子为何这样，妻子说："你求学应该是靠日积月累、刻苦钻研才能学成，现在你中途回来，不是和这块布一样半途而废了吗?"

乐羊子听了,深受感动,明白了妻子的良苦用心,重新回去完成了自己的学业,并且七年没有回过家。

【点评】

俗话说:只要功夫深,铁棒磨成针。人,无论是学知识、学技能,还是做学问、做事业,都必须持之以恒,坚持到底,绝不轻言放弃。如果三天打鱼两天晒网,时断时续,那么必然是白费时间和精力,什么也学不好,什么也成不了。

人的习惯改变也是一样的,贵在坚持,贵在有恒,贵在咬定青山不放松,贵在克服困难挫折不放弃。人的任何好行为的养成,只要存在一次破例行为,那么在以后的人生中,可能总会有不断地破例,反复地破例,最终导致失败。反复无常,定失纲常;坚持到底,水滴石穿!

第 13 天

一、特殊情况简述

一大早接到通知:今天集体休息,外出旅游。由于通知仓促,早课和重点来不及做。

二、过程记录

起来即坐车远行,有导游带动唱歌,后来又讲故事,所有人都兴奋。坐车两个多小时,等下车时才意识到自己关于习惯改变训练什么也没做,回想一下,似乎一直是跷着二郎腿和大家联欢的。

早饭,旧习惯做实后发现并纠正 1 次,未遂 1 次。

上午游玩,一直走动,旧习惯没有发生。

午饭,旧习惯做实后发现并纠正 1 次,未遂 2 次。

下午游玩，旧习惯没有发生。

晚饭集体聚餐，跷二郎腿至少 10 分钟后才被发现 3 次，做实后发现并纠正 1 次，未遂 3 次。

晚上唱歌联欢，又将习惯改变丢之脑后，无从回想与记录。

回程时在车上睡着，无从记录。

晚上简单整理日志，旧习惯未遂 2 次。

三、分析与思考

今天玩乐，居然在玩乐的过程中全然忘记了习惯改变，意识监控更加无从谈起。

早课未做，重点未敲定，事前未谋划，行动仓促，集体联欢，将习惯改变训练完全丢之脑后。

也就是说，当意料之外的娱乐和玩乐到来时，当群体互动联欢时，当缺乏超前谋划时，自我往往就会迷失，忘记自己一直以来的坚持和初衷，忘记本来不应该也不能忘记的一切，这才是最可怕的。

人的任何改变和进步，不怕倒退，不怕没有效果，就怕停止和中断。通常情况下，人对任何事情，一旦停止或中断一次，那么以后就会有两次、三次，甚至更多次，这是人本性的缺陷，是无法左右和控制的。

什么叫忘乎所以？什么叫功亏一篑？什么叫劳而无功？可能这就是吧。

如何克服和避免这种现象呢？还是要用理性和智慧，还是要做足早课，还是要超前谋划，还是要重点把握，还是要意识监控。

四、结论

今天的习惯改变彻底失败，是极端不愿意见到但又真实发生的事情，虽然只是个开始，但是却是个不良的开端，这是最需要关注和克服的。

五、发现

人在群体娱乐和兴奋时，受到群体的影响，往往就会身不由己，迷失、放纵自己，几乎忘记自己曾经坚持和努力的一切，导致坚持的停止和中断。

故事索引　恋家的老鼠

鼠爸爸和鼠妈妈共养育了11个子女，一大家子共同生活在一起，其乐融融，很幸福。

突然有一天，人类城市的扩展行动，打破了它们一家的平静生活。

因城市扩展而建筑的围墙，已经把它们紧紧地包围起来，它们的活动范围受到限制。

在一次家庭紧急会议上，排行老三的老鼠建议："鉴于目前恶劣的外部环境，强烈建议全家搬迁出去，到远离城市的地方安家。"

老三的话并没有得到大家的赞同，尤其是鼠爸鼠妈更是反对全家搬迁。它们认为：自己好不容易创下那么一份家业，哪能轻易丢掉然后到一个没有任何保障的地方去重新安家落户呢？自己的家，再怎么也不能离开。再说了，人类再聪明智慧，也不能奈何我们老鼠家族，他们生活他们的，我们生活我们的，互不干涉。一句话，人类的到来，并不会对我们的生活造成多大的影响。

老三看说不动大家，于是就自己带领妻儿趁着天黑从围墙的缝隙里钻出去，到远方安家去了。

留下来的老鼠们都认为老三过于胆小怕事，人一来就吓跑了，如果它新安的家再有人来，那岂不是还要被吓跑？那搬来搬去的，多麻烦，日子怎么过啊！

随着建筑工队的到来，老鼠家族周边的人越来越多。

人越多，老鼠的生活越丰富，各种各样可口的美味接踵而来，令它们惊喜不断。

几乎所有留下来的老鼠都感叹老三的傻，放着好好的日子不过，穷折腾什么呢？独自跑到远方，人生地不熟的，怎么能有好日子过啊。大家都没走，日子反倒过得比原来更好，真不知老三怎么想的。

大家一边享受人类所带来的美味，一边感叹老三的愚蠢。

时间一天一天地过去了，老鼠家族生活幸福又美满。在目前的生活越来越好的情况下，外界再好，它们也不去；哪怕就是用八抬大轿来抬，它们也不去，它们就喜欢自己的家。

正所谓"福兮祸所伏"，突然有一天，老鼠们发现几个庞然大物来到它们家的周围，听人类说那是挖掘机，专门用来挖土的。老鼠们顿时感觉不妙，开始惊慌失措，不知如何是好了。

此时，有的老鼠开始意识到老三有远见，老三的选择是对的，于是也动了举家搬迁的念头。

在大家都六神无主时，鼠爸鼠妈说："即便人类全部来到，即便庞然大物再来很多台，我们也不怕。以我们的智慧和能力，它们根本不能把我们怎么样，我们照样能生活得很好。"

听到爸爸妈妈那么自信又坚定的语言，大家一颗悬着的心终于慢慢放了下来，又开始了安逸幸福的生活。

过了一天、两天、三天、四天，老鼠们发现停在家门外的那些大家伙根本没有动的迹象，于是大家终于完全放心，就连开始建议搬家的老鼠也放弃了搬家的念头，安心地扎根生活了。

然而，好景并不长。

有一天，就在老鼠举家休息做美梦时，巨大的机器轰鸣声打破了它们的美梦，几台挖掘机居然同时启动了，在它们家上方来回碾压，并开始大肆地挖土。同时还有很多大货车跟随，把挖出来的土运走。

到这个时候，老鼠家族的所有成员都强烈地感受到灾难降临了。有几只老鼠试图钻出洞去逃生,但当它们逃向洞口时,才发现洞口早已被挖掘机压实,根本就出不去。

直到这时,大家才开始真正后悔,可是后悔有什么用呢?后悔能救它们的命吗?就是现在求神拜佛也无济于事啊。

如此,所有老鼠只能听天由命,并祈祷它们一家能够转危为安,毕竟这幸福生活来得太不容易了啊。

就在它们提心吊胆之时,突然挖掘机的大铲斗硬生生地把它们的家挖成两段,随着铲斗的上升,已经有一半的家庭成员被铲走,活活地被埋在货车车厢里。

然后又来一铲斗,把剩下的老鼠全部挖走活埋,一家老小全军覆没,没有一个能逃掉。

老三远走之后,日子虽然过得艰苦些,但全家平安,生活无忧。

【点评】

《易经》中讲:"变则通,通则久。"世界上万事万物,只有能够与时俱进,能够根据实际情况灵活变通,就能转危为安,长久安泰。如果固守一成不变的模式,或者因留恋不舍而患得患失,往往会在不由自主中把自己置身于万劫不复的境地。

人自小养成的邪念恶习也是一样,随着年龄的增长,随着环境的变化,随着人类文明程度的提升,那些伴随自己多年的邪念和恶习,就必须要转变和抛弃,用新的更加有益的正念和好习惯来取代,如此才能在残酷的现实中不断前进发展。如果固守邪念恶习不变,那么自身的邪念恶习将如同恋家的老鼠一样,会让自己在不知不觉之中面临灭顶之灾,到那时再想改变,就已经太晚了。

人无远虑,必有近忧。对于损人害己的不良习惯,人必须有超前意识，能够在不良习惯危害并不严重的时候，对之进行处置和改变，只有这样，才能将不良习惯对自己的危害降到最低。

第 14 天

一、早课

早上起床，进行一次心理暗示练习（连续念三遍）。

今天是美好的一天，今天一定很好，我一定对自己更满意！

我的习惯每天都在变好。

我每天都在进步。

我不再对任何事情感到失望。

我充满喜悦和爱，谁都打不倒。

我对我的生命完全负责。

要让事情改变，先得改变自己；要让事情变得更好，先让自己变得更好。

假如我不能，我一定要；假如我一定要，我就一定能。

我必须立即行动，绝不拖延、逃避。

成功者绝不放弃，放弃者绝不成功！

二、重点事项

（1）用"和润心田"放松练习法替代中午休息。

（2）关注群体效应对习惯改变的影响。

（3）强化特殊偶然事务的事前谋划。

（4）关注娱乐或休闲时习惯改变的保持情况。

三、过程记录

早饭，旧习惯未发生。

去分公司路上，旧习惯未遂 2 次。

上午，旧习惯做实并及时纠正 1 次，未遂 2 次。

午饭全过程，旧习惯未遂 1 次。

中午进行约 20 分钟的"和润心田"放松练习，练习过程中，旧习惯未发生。

下午，旧习惯未遂 1 次。

晚饭，旧习惯未发生。

晚上乘车回单位，旧习惯未遂 1 次。

晚上整理日志，旧习惯未发生。

四、分析与思考

今天跷二郎腿的习惯做实后纠正 1 次，未遂 7 次。

今天习惯改变训练效果较理想，未出现异常情况，意识监控非常理想，意识的弱化现象得到有效改观，效果很理想。

由此看来，人的理性、意志力和意识，与人的情绪一样，不是稳定不变的，而是具有不稳定性，会随着身心及外界情况的变化而发生波动。至于会怎么变化，是理想还是不理想，完全不在个体的理性控制之内，具有偶然性和随机性，在个体毫不知情的情况下便会突然出现，让人防不胜防而又无可奈何。

人身体里有稳定的生物钟，人的心理及生理节律也具有周期性。人的生物钟比较好把握，但心理和生理的周期节律往往很难把握和控制，因为几乎没有人能确切地知道自己心理和生理节律的具体时间和规律。主要原因是人心理和生理的周期性节律会受到身心状况和外部环境的影响，这个节律不是恒定不变的，所以人无法确切把握。

人心理和生理的周期性变化，高低起伏，对习惯改变同样具有不可忽视的影响和作用。对于习惯改变效果而言，人的周期性节律往往直接决定短期习惯改变的成败。

当人习惯改变出现没有理由的问题时，往往是心理和生理状态发生的变化，而不是真的行为本身存在问题，也不是计划本身存在缺陷。这个认识，对于习惯改变的坚持和信心大有好处，否则往往会使人因受挫而丧失信心，并认为习惯不可改变而中途放弃。

五、结论

今天未发生群体效应、特殊意外事件和休闲娱乐影响习惯改变情况，全天习惯改变训练非常稳定理想，是很成功的。

六、发现

人的心理和生理的周期性变化对习惯改变具有不可忽视的影响和决定作用，如果忽略这个事实，往往会直接影响习惯改变的效果和成败。

故事索引　三省吾身

曾参是孔子晚年收的弟子，他勤奋好学，颇得孔子的欣赏和信任，最终曾参也得到了孔子的真传。

曾参修齐治平的政治观，省身、慎独的修养观，以孝为本、孝道为先的孝道观，影响了中国2000多年，至今仍具有重要的社会意义。

曾参凭借其在思想上的建树，走进大儒的殿堂，与孔子、孟子、颜子（颜回）、子思比肩，被称为"五大圣人"，因此他也被后人尊称为曾子。

曾子性情沉静，举止稳重，为人谦恭谨慎。他16岁师从孔子，年纪虽小，却勤奋好学，深得孔子的喜爱。

曾子的思想、言语和行为反应都相对比较迟钝，孔子曾评价他说："参也鲁。"为了弥补自己的劣势，曾子比常人更加勤奋刻苦，因而他进步很快。

有一天，同学们问曾子："你为什么进步这么快呀？"曾子答道："我不过是每天都要多次这样问问自己：替别人办的事情有没有尽力啊？与朋友交往有没有不诚实的地方啊？先生教我的学业我是不是学习好了啊？如果发现哪样做得不好，我就及时改正，这样慢慢也就养成了习惯！"

【点评】

曾子虽然迟钝，然而他长年累月养成"三省吾身"的好习惯，成就了他，使他最终成为"五圣"之一。《射雕英雄传》中的大侠郭靖，也属于天生愚钝型的人，他的七个师傅（江南七怪）在最初没有一个相信他能学有所成。然而，郭靖却凭着一股常人所不具有的意志力和坚持的习惯，始终不间断、实实在在地习武，最终练成了绝世武功。

人天赋不高，或者拥有不良习气并不特别重要，后天的努力才最重要。每一个人，只要有勇气、有决心、有毅力，能够针对自己的不足或不良习气，果断采取补救措施，那么通过自己强大的自觉和自律，往往能使自己克服不足和不良习气，最终获得大成。

人的习惯改变，同样要学习借鉴曾子"三省吾身"的习惯，借鉴郭靖扎实、坚持不间断的习惯，针对习惯改变中出现的种种问题，每天坚持自我反省、自我观察、自我调整、自我改善，这样方能取得成就。

人所害怕的不是恶习本身，而是自我的放纵和不当回事！

第15天

一、早课

早上起床，进行一次心理暗示练习（连续念三遍）。

今天是美好的一天，今天一定很好，我一定对自己更满意！

我的习惯每天都在变好。

我每天都在进步。

我不再对任何事情感到失望。

我充满喜悦和爱，谁都打不倒。

我对我的生命完全负责。

要让事情改变，先得改变自己；要让事情变得更好，先让自己变得更好。

假如我不能，我一定要；假如我一定要，我就一定能。

我必须立即行动，绝不拖延、逃避。

成功者绝不放弃，放弃者绝不成功！

二、重点事项

（1）用"和润心田"放松练习替代中午休息。

（2）关注心理及生理的变化对习惯改变的影响。

（3）加强习惯改变计划的执行力。

（4）关注意识监控疲劳问题。

三、过程记录

早饭，旧习惯未遂1次。

去分公司的路上，旧习惯未发生。

上午，旧习惯未遂1次。

午饭全过程，旧习惯未发生。

中午进行约20分钟的"和润心田"放松练习，练习过程中，旧习惯未发生。

下午，旧习惯未遂3次。

晚饭，旧习惯未遂1次。

晚上乘车回单位，旧习惯未发生。

晚上读书，旧习惯未发生。

晚上整理日志，旧习惯未发生。

四、分析与思考

今天跷二郎腿的习惯未发生做实后被纠正的现象，未遂行为6次。

今天习惯改变的成绩更加理想，旧习惯做实现象没有发生过一次，未遂行为也非常少，正确端正的坐姿也渐渐成为习惯，而且没有任何不适感。也就是说，新习惯替代旧习惯已经取得了突破性的进展，已经能够看到胜利的曙光。

更为重要的是，意识的疲劳问题似乎根本就不存在，难道是我多虑了？难道意识根本就不会疲劳或麻木？这种情况真的很难想明白，更加无法预料以后会怎么发展。

由此看来，人21天养成一个新习惯，确实有一定的道理。如果每天坚持反复重复一个新行为，一直坚持21天，往往真的就能够让新的行为模式定型，并最终内化为习惯。

从第一天开始着手习惯改变以来，已经坚持了15天。虽然中间出现诸多意外和麻烦，然而最终还是坚持了下来，并取得了今天这个历史最好成绩。然而，今天的成绩，并不代表习惯改变就成功了，毕竟旧习惯的重复和自动自发行为并未消失，始终顽固地存在着。同时，最好的成绩也只是出现了一天，并没有稳固和强化，习惯改变离最后成功还有很长的路要走，还会出现很多意想不到的反复情况，因此，必须要坚持，不能因为取得些许成绩就沾沾自喜，或者认为习惯改变已经获得成功，以后不需要再坚持和努力。

如果在新习惯没有稳定、旧习惯依然存在的情况下就提前结束习惯改变实践，极有可能会前功尽弃。在旧习惯彻底消失、新习惯没有巩固稳定之前，更加需要努力和坚持，防止倒退和反复。

五、结论

今天习惯改变训练非常成功。

六、发现

习惯改变训练取得初步成功，更加需要坚持和努力，再接再厉，防止中断和反复，确保最后成功。

故事索引　简单的动作重复做

一位世界顶级的推销大师，他职业生涯结束的欢送会吸引了社会各界5000多位精英参加。这些各界精英，一方面是慕名而来，另一方面也希望从大师那里学到真经，用于指导自己的人生。

当众人一致向他讨教他的推销秘诀时，他微笑着举手示意表示不必多说。

就在这时，全场的灯光暗了下来，从会场一边出现了四个彪形大汉，他们合力抬着一个大铁架，安置好之后，又抬来一个大铁锤挂在铁架上。

在场的所有人都丈二和尚摸不着头脑，不知这个世界级大师葫芦里卖的是什么药。

紧接着，大师不紧不忙地拿着一个小铁锤，走到铁架旁边，用小铁锤向大铁锤敲了一下，铁锤没有动。

过了5秒，又敲了一下，铁锤同样没有动。

又过了5秒，再敲了一下，铁锤同样没有动。

又过了5秒，再敲了一下，铁锤同样没有动。

……

大师自始至终一句话也没说，只是持续不断、反复有规律地敲着大铁锤。

半小时之后，大铁锤依然丝毫没动。此时现场的人开始骚动，陆续有人不耐烦地离场而去。

无论他们是走还是留，大师依然不为所动，仍然持续不断、有规律地敲着大铁锤。

大家看没有什么意思，更感觉也不会有什么收获，于是一个接一个地离开了现场，留下来的人已经不多了。

大约 40 多分钟后，巨大的铁锤居然开始微微晃动了。

紧接着，大铁锤越晃幅度越大，越晃越厉害。此时，就算现场所有人都齐力去拉住大铁锤，也休想让大铁锤停下来。

最后，大师微笑着面对仅剩的一些人，介绍了他一生的成功经验："成功就是简单的事情重复去做，以这种持续的毅力每天进步一点点，当成功来临的时候，你挡也挡不住。"

现场所有人此时才如梦初醒，大彻大悟，于是报之以最热烈的掌声，久久没有停息。

【点评】

简单的事情重复做，每天进步一点点，坚持不懈，永不放弃，这就是成功的秘诀。本质上，人的成功就是日积月累养成好习惯而后形成持久稳定惯性力推动的结果。世界上最普遍存在的力量，就是惯性的力量；而人类最顽固、最神奇、最可怕的力量，往往就是习惯的力量。

人的好习惯养成需要简单的事情重复做，人的不良习惯的改变，同样需要简单的事情重复做，谁撬动了自身根深蒂固的不良习惯，谁就撬动了成功的铁锤，只要动起来，想停也停不下来！

第 16 天

集中督察行动结束，回总公司集中整理材料，汇报督察结果。

一、早课

早上起床，进行一次心理暗示练习（连续念三遍）。

今天是美好的一天，今天一定很好，我一定对自己更满意！

我的习惯每天都在变好。

我每天都在进步。

我不再对任何事情感到失望。

我充满喜悦和爱，谁都打不倒。

我对我的生命完全负责。

要让事情改变，先得改变自己；要让事情变得更好，先让自己变得更好。

假如我不能，我一定要；假如我一定要，我就一定能。

我必须立即行动，绝不拖延、逃避。

成功者绝不放弃，放弃者绝不成功！

二、重点事项

（1）用"和润心田"放松练习替代中午休息。

（2）关注习惯改变的坚持力问题。

（3）关注意识监控疲劳问题。

三、过程记录

早饭，旧习惯未遂1次。

去分公司的路上，旧习惯未发生。

上午，开会并集中整理材料，旧习惯做实并及时纠正2次，未遂1次。

午饭全过程，旧习惯未发生。

中午进行约20分钟的"和润心田"放松练习，练习过程中，旧习惯未发生。

下午开总结会，旧习惯未遂1次。

晚上聚餐，旧习惯未遂2次。

晚上乘车回单位，旧习惯未发生。

读书，旧习惯未发生。

整理日志，旧习惯未发生。

四、分析与思考

今天跷二郎腿的习惯做实后纠正2次，未遂5次。

事务繁忙时忘记习惯改变的现象依然存在，可喜的变化是，虽然暂时会忘记习惯改变训练，但是当旧习惯开始有动作时，能够第一时间被发现，说明意识监控与身体行为的连接是成功的，也就是说，只要腿一动，意识的监控功能就会立即开启。腿部没有动作，意识就会暂时休息。

还有一点，意识与旧习惯思维建立的连接也是成功的。当旧习惯思维一动，意识的监控立即跟着联动，从而能够第一时间察觉并纠正旧习惯，让旧习惯行为消失在萌芽状态。

在习惯改变过程中，意识监控并非独立运作的，而是要与旧习惯行为动作、与旧习惯相关思维建立可靠连接，做到能够自动自发，如此才能真正起到监控作用，保证习惯改变的顺利进行。

下一步重点仍需关注忙碌时忘记习惯改变的问题。

五、结论

今天习惯改变成效依然是理想的，习惯改变可以说是成功的。

六、发现

人从事改变和训练，将意识与相关思想行为建立可靠连接，是改变或训练成功的法宝。

故事索引　马太效应

从前，一个国王要出门远行，临行前叫来三个最忠实的仆人，给每人5000两银子，让他们各自去做生意，然后交代些具体事情，他们就出发了。

在接下来的时间里，三个仆人按照国王的要求，各自按照自己的思路和方法开始做起了生意。

第一个仆人，把钱拿去做生意，在原有的基础上又赚了5000两银子。

第二个仆人，也通过自己的努力，在原有的基础上另赚了2000两银子。

第三个仆人，由于害怕做生意会赔本，则选择什么也不干，找了一个安全的地方，把银子全部埋在地下，然后静等国王回来。

后来，国王远行回来，把他们一同招来，问他们各自做生意的情况。

第一个仆人带着国王赐给的5000两银子和自己赚的5000两银子来参见国王，说："主啊，您交给我5000两银子，请看，我又赚了5000两。"

国王说："好，你是个善良又忠心的仆人，你有智慧，有才能，赏你5000两银子，同时我将把许多事务交给你管理，让你也来享受主人的快乐。"

第二个仆人带着国王赐给的5000两银子和自己赚的2000两银子来参见国王，说："主啊，您交给我5000两银子，请看，我又赚了2000两。"

国王说："好，你这个又善良又忠心的仆人，主人再赏你2000两银子。"

第三个仆人，带着从地里挖出来的银子来参见国王，说："主啊，我知道您是个严厉的人，我害怕做生意丢掉老本，给您带来损失，于是就直接把您给的5000两银子埋藏在地里。请看，您的银子一分不少原封不动全在这里。"

国王说："你这个懒惰愚蠢的仆人，我给你银子让你做生意，你却把它全部埋在地下，那还不如把我的银子放给兑换银钱的人，到我来的时候，可以连本带利收回。"于是让人夺过他的5000两银子，全部赏给了第一个仆人，并说："凡有的，还要给他，让他更加富有；凡是没有的，连他所有的也要夺过来，让他更加一无所有。"

这就是著名的马太效应，指的是在人类社会中强者愈强、弱者愈弱，好的愈好、坏的愈坏，多的愈多、少的愈少的一种现象。

【点评】

《道德经》第七十七章讲："天之道，损有余而补不足；人之道则不然，损不足以奉有余。"马太效应属于老子所说的人之道，即"损不足以奉有余"。在人类社会中，这种现象普遍存在，具有不可回避的流转特性。

人本身所拥有的习惯，同样也遵循马太效应，即：不良习惯越多，那么不良习惯还要加给他，将他拥有的好习惯也要夺去，让他的不良习惯更加多；好习惯越多，那么好习惯还要加给他，将他拥有的不良习惯夺去，让他好习惯更加多。一个人拥有的习惯，并非是好坏均等的，而是存在极端失衡的现象。可见，一个人只有养成好习惯，让自身的好习惯越来越多，占据绝对主导的地位，那么他自身的坏习惯就会在无形中被强行夺去，好习惯会越来越占据主导地位，因而更加成功，这也是人要改变不良习惯、建立好习惯的意义和价值所在。

只要人想越来越好，就只有一条路可走，那就是不断地改变和去除自身的弱点和不良习气，增加和强化自身的优点和好习气。如果任由自身弱点和不良习气控制和左右自己，那么他必将会随着自身弱点和不良习气的增加而最终一事无成。

第17天

督察工作全面结果，回到单位，一切回归正常。

一、早课

早上起床，进行一次心理暗示练习（连续念三遍）。

今天是美好的一天，今天一定很好，我一定对自己更满意！

我的习惯每天都在变好。

我每天都在进步。

我不再对任何事情感到失望。

我充满喜悦和爱，谁都打不倒。

我对我的生命完全负责。

要让事情改变，先得改变自己；要让事情变得更好，先让自己变得更好。

假如我不能，我一定要；假如我一定要，我就一定能。

我必须立即行动，绝不拖延、逃避。

成功者绝不放弃，放弃者绝不成功！

二、重点事项

（1）强化意识与旧习惯思想行为的连接和联动问题。

（2）关注事务繁忙时的习惯改变训练。

三、过程记录

早饭，旧习惯未发生。

上午处理业务，旧习惯未发生。

午饭，旧习惯未遂1次。

下午，旧习惯未遂1次。

晚上单位组织欢迎晚宴，有记忆的时段内旧习惯未遂2次，后醉酒失忆，没有任何印象。

第二天根据印象对当天的习惯训练作简单记录，没有分析总结。

故事索引 名不副实

古时候，有一个叫齐奄的年轻人，家里养了一只又肥大又漂亮的猫。

齐奄特别喜欢这只猫，感觉它非同寻常，英勇又威风，跟老虎还真的有点相像，于是就给它取名叫"虎猫"。

一天，众多客人来家里作客，茶余饭后谈着谈着就谈到了猫。有个客人听说这猫叫"虎猫"，觉得不理想，于是就建议齐奄说："老虎固然勇猛，但不如龙有神威，不如叫'龙猫'吧。"

齐奄觉得有道理，于是回应说："那就叫'龙猫'。"

此时另一位客人说道："龙的神威虽然超过猛虎，但龙要升天，必须要乘云，云不是超过龙了吗？我看还是叫'云猫'的好。"

齐奄也觉得有道理，于是回应说："那就叫'云猫'。"

接着又一个客人说话了："云雾虽然能够遮天蔽日，但是风一吹就全散了，看来还是风的威力大，叫'风猫'应该更好些。"

还没等齐奄说话，又一客人说："风固然厉害，但是大风刮起来，只有高墙能够挡得住，风哪能比高墙厉害呢？我认为叫'墙猫'更贴切。"

此时，又一个客人坐不住了，强烈反对道："墙是最结实的吗？高墙虽然坚固，但是老鼠会在墙上打洞，所以还是老鼠厉害，叫'鼠猫'最合适。"

公说公有理，婆说婆有理，齐奄自己也犹豫不决，拿不定主意，感觉好为难。

此时，一位德高望重的老人听他们叽叽喳喳争个没完，而且还给猫取名叫"鼠猫"，感觉又好气又好笑，他义正词严地对他们说："猫的天职是抓老鼠，猫就是猫，根本就不是什么'龙猫''云猫''风猫''墙猫''鼠猫'，为什么要故弄玄虚，人为地去掩盖它本来的面目呢？"

众人听了，惭愧不已，齐奄索性决定连"虎猫"也不叫了，就直接叫"大肥猫"。

【点评】

猫就是猫，无论叫它什么名字最终它还是猫，不会是狗，更不会是其他比猫厉害的东西。

同样的道理，人的不良习惯，无论它叫什么，也无论它给自己带来多大的享乐或安逸，也无论它有多厉害，但它就是不良习惯。对于不良习惯的改变，我们必须坚守原则，不受他人思想、语言和行为的影响，只有这样才能让不良习惯得到抑制，好习惯得到巩固和强化。如果人云亦云，犹豫不决，反复无常，那么容易受不良习惯牵制，如此非但好习惯没有养成，反而使不良习惯更加严重和顽固。

第18天

特殊情况简述

早上起床头痛欲裂，不停地想呕吐，早饭没吃，早课没做，训练重点未列，一直睡到上班时间才醒，勉强工作。

整个上午极其难受，坐立不安，怎么都不舒服，更无心工作，只能强撑。大致统计了一下，上午二郎腿跷起未被发现居然有5次，并未出现旧习惯做实后及时发现并纠正现象，更没有未遂现象。

也就是说，习惯改变的一切努力，在醉酒之后一切回归于零，不见任何效果。在醉酒难受的情况下，意识的监控根本不存在，弱化到根本没有丝毫效力。

中午只喝粥，喝完后便立即睡觉，下午3点起床，感觉好受多了，清醒了很多，但还是非常难受。

下午，出现二郎腿跷起未被发现情况1次，出现做实后及时纠正一次，未遂5次。

晚饭之后，酒劲渐消，精神开始好转。

纵观醉酒后一天的表现，发现人在醉酒状态下，意识几乎丧失为零，在身心极其不舒服的情况下，所有的工作、事务及训练都被迫停止和中断,所有习惯改变的努力会在醉酒状态下得到最彻底的毁损。只有在人稍微清醒之后,相关方面才开始恢复,并逐步恢复正常。

值得庆幸的是,在意识逐渐清醒之后,习惯改变所训练的意识依然能够发生作用,说明之前的努力并没有白费,而且已经深入到潜意识之中。在意识失控的情况下没有作用,意识一旦能够清醒,它的作用就会自然而然地显现。

醉酒不但伤身伤心,更会损毁之前所建设的一切!

故事索引　习惯贫穷

在一个偏僻落后的农村,有一个中年人,一直哀叹人生苦短,自己命运不济。

村里有人劝他,说:"我们这村庄偏僻落后,贫穷是大家所公认的,生活在这里的人,十个有八个都不富有,你与其整天唉声叹气,不如趁自己年轻力壮,到外面的花花世界闯一闯,无论结果怎样,也不枉这一生啊。"

然而,他的回答总是只有一句话:"我在外面没有任何亲戚朋友,独自一人出去闯世界,肯定不是饿死就是成为乞丐,就我们村里的人,出生就是贫穷命,还是老老实实地待在家里混日子吧。"

村里人听他那么一说,便都无奈地摇摇头。

慢慢地,无论他怎么唉声叹气,都没有人再劝他,更没人愿意搭理他,他俨然就是一个现实版的"祥林嫂"。

他越是情绪消极,越是自我哀怨,就越是感到上天对他不公,认为自己的命不好。

一个偶然的机会,村里来了一个有名的算命先生,给村里人算命算得出奇得准。

他眼前一亮，于是立即跑去请算命先生为他算命。

算命先生煞有介事地给他看相测字，前推后算，开口说道："你 30 岁以前一定既落魄又贫穷，生活很不如意，对不对？"

这人听了大为吃惊，心想这个算命先生真是活神仙，于是极恭敬虔诚地说："大师，你真是太神了，我的人生一直不如意，贫穷又落魄，命真是太不好了啊。更为关键的是，我现在已经 30 岁了，30 岁以前是这样，那 30 岁以后会怎样呢？"

他充满期待，更对未来充满希望和憧憬。

算命先生回答说："30 岁以后？30 岁以后你依然贫穷不如意。"

他失望地望着算命先生，有气无力地说："为什么呢？难道我命中注定就是一生苦命吗？"

算命先生回答说："不为什么，因为你已经习惯贫穷了。"

这人惊奇地问："贫穷也是一种习惯？"

算命先生答："当你没有任何改变的行动，放弃任何可能的希望，接受贫穷和不如意的命运，任由贫穷和不如意奴役和支配时，你就是习惯贫穷了。"

年轻人反驳说："我并没有认命啊，我一直想改变目前的悲苦命运，可是没有能力，没有办法啊。"

算命先生说："当你自我贬低、自我消沉、自我否定、自我哀怨、丧失改变的力量和行动时，你就是彻彻底底地认命。"

年轻人接着问道："有什么改变的方法吗？"

算命先生说："除非你自己主动超越自我，自求富贵，否则神仙也救不了你。"

【点评】

世界上的每个人，在其宝贵的一生之中，总是或多或少存在这样或那样的不良习惯。当一个人向不良习惯低头，向不良习惯屈服，任由不良习惯控制、左右或奴役时，他就是习惯堕落。对于一个习惯堕落的人，除了自我救赎，天下没有任何人能救得了他。向自己的不良习惯开战，就是自我救赎，就是打破自己习惯堕落的魔咒，就是不断超越自我、改变自己的命运。

第19天

一、早课

早上起床，进行一次心理暗示练习（连续念三遍）。

今天是美好的一天，今天一定很好，我一定对自己更满意！

我的习惯每天都在变好。

我每天都在进步。

我不再对任何事情感到失望。

我充满喜悦和爱，谁都打不倒。

我对我的生命完全负责。

要让事情改变，先得改变自己；要让事情变得更好，先让自己变得更好。

假如我不能，我一定要；假如我一定要，我就一定能。

我必须立即行动，绝不拖延、逃避。

成功者绝不放弃，放弃者绝不成功！

二、重点事项

（1）因醉酒导致习惯改变完全失控，重点关注习惯改变失控之后所带来的负效应。

（2）全面调整身心及状态，使自己身心快速恢复到正常状态。

（3）关注意识监控的稳定性和实效性。

三、过程记录

早饭，旧习惯未遂 3 次。

上午旧习惯发生未被发现 1 次，发生后立即被发现 1 次，未遂 3 次。

午饭，旧习惯发生并未被发现，直到午饭结束。

中午休息，旧习惯未发生。

下午开会，旧习惯做实并及时纠正 3 次，未遂 2 次。

晚饭，旧习惯做实并及时纠正 1 次，未遂 1 次。

读书，旧习惯未遂 2 次

晚上整理日志，旧习惯未发生。

四、分析与思考

在一天的习惯训练失控中断之后，旧习惯出现了严重的反弹，全天旧习惯直接发生但没被意识发现有 2 次，做实后被发现 5 次，未遂 11 次。

尤其是有两次二郎腿实实在在跷起来，但意识没有监控到。由此推知：人的意识对身体思想言行的监控能力存在极强的不稳定性，警觉性会或高或低，效果或好或差，根本让人无法捉摸，无法掌握。

也就是说，意识对人思想言行的监控，随着时间的推移而逐渐弱化。人意识的监控作用，通常在刚开始的时候效果最好，之后随着时间的推移会逐渐弱化或变幻不定。

当人的意识监控出现弱化或变幻时，习惯改变就不能完全依托意识了，而应将重点转移到理性和智慧的管理、控制阶段。这是一种更高层次的自我管理，也是习惯改变由感性上升到理性的必然阶段。在新旧习惯交替抗争的关键阶段，单纯地依靠意识和本能的努力已经远远不够了，必须转由理性和智慧来主导。

也就是说，只有理性和智慧的积极和全程参与，习惯改变才能真正彻底且持久。

习惯改变能否成功，理性力量往往是决定性因素。其间，只要感性战胜了理性，习惯改变往往就会以失败而告终。

培养新习惯的过程，也是理性习惯培养的过程。所以说，人的习惯改变，并非单纯的某个习惯的改变，而是与之相关的所有习惯模式全面调整并整合固定的过程。

改变了一个习惯，就意味着培养了好多好习惯，进行了一次身心全面、彻底的良性调整和整合，对人生具有深远的意义。

习惯改变的过程，本身就是自我超越、自我完善的正向历程，只要能够完成这一历程，那么人生必将所向无敌。

人，只要能彻底改变自己的某一坏习惯或坏毛病，就基本能成就任何事情。因为习惯或毛病改变的过程中包含着人生成功的最大秘密，如果找到并善加利用，就将真正发现自己内在的价值连城的宝藏。

一个人改变习惯的过程，必然包含其全部的人生密码，无论是成功还是失败，都能从中找到相对应的密码，从而从根本上获得幸福。

习惯改变的奥秘，是人类最有价值的奥秘，谁发现谁受益，谁拥有并使用谁就会成功。

人生最有价值的经验，是习惯改变的经验，它对人生的影响是无法估量的。

习惯改变的经验可以应用于任何方面和领域，它才是人生最成功的经验体系。用习惯改变的经验体系去做任何事情，可以发挥出个人的能力与潜质，也是使人最容易成功的经验体系。

人的理性和智慧来源于自我觉知，人的自我觉知才是一个人真正的智慧和能力。可以说，人没有觉知，就没有智慧，有了觉知，智慧随之而来。

习惯的改变，就是一个"本能—感性—理性—觉知—智慧—行为"反复循环的过程，是一个人获得智慧的最佳途径和方法。

谁能真正改变自己的不良习惯或毛病，谁就拥有了战胜自我、成就事业的真正智慧和能力。人只有拥有了智慧和能力，真正的人生才算开始。

可见，习惯改变对于人生来说是多么重要。

五、结论

今天的习惯改变呈现严重反弹现象，是不成功的一天。

六、发现

习惯改变和训练，并不能单纯地依托意识的监管，应该用理性来主导习惯改变和训练，并通过更深层次的觉知，获得相应的智慧和经验能力，从而实现习惯改变的质的飞跃。

故事索引　螃蟹宝宝的新生

在一片美丽的珊瑚礁上，一只螃蟹宝宝和它的兄弟姐妹们，在妈妈的呵护下自由自在、健康快乐地成长。

随着时间的推移，螃蟹宝宝变得越来越结实和强壮。

突然有一天，螃蟹宝宝感到全身饱胀，无精打采，食欲全无。

螃蟹宝宝担心自己生病了，就赶紧来到妈妈身边寻求帮助。

宝宝："妈妈，我感觉全身发胀，没有一点儿精神，一点儿胃口也没有，是不是生病了？"

妈妈："宝贝，你那么结实、强壮，怎么会生病呢？我们螃蟹家族的生命力和抵抗力超强，几乎是不生病的。"

宝宝："俗话说，人是铁，饭是钢，一顿不吃饿得慌。我有好几顿都没吃了，居然一点儿也不饿，而且全身难受没有精神，不是生病是什么呢？"

妈妈："宝贝，你不是生病了，而是已经准备好一切，要开始蜕壳了？"

宝宝："蜕壳？我的壳那么坚硬，全靠坚硬的外壳保护自己，躲避危险，如果把壳蜕掉，岂不是很危险？我才不蜕壳！"

妈妈："宝贝，不是你愿意不愿意的事，正因为我们坚硬的外壳限制了我们的成长，所以必须蜕掉它，我们才能长大。如果壳不掉，你将永远长不大。"

宝贝："长不大就长不大，一直待在妈妈身边，做妈妈的好宝宝多幸福，我才不要那么难受，我才不要蜕壳！"

螃蟹妈妈没有说话，慈爱地把螃蟹宝宝带到刚蜕掉壳的哥哥姐姐们面前，说："你和你的哥哥姐姐们比一比，看谁的个头大。"

螃蟹宝宝调皮地跳到哥哥身上想和他打闹，突然感觉不对劲，就快速躲进妈妈的怀里，怯怯地说："妈妈、妈妈，吓死我了，哥哥身上的壳不见了，全身软乎乎的，太吓人了！"

妈妈："不用担心，我们螃蟹刚蜕完壳，身体都是软软的。"

宝宝："我才不要蜕壳，蜕完壳软软的多瘆人，多不安全。"

妈妈："你哥哥的壳过一阵子就变硬了，而且会比蜕掉的壳更坚硬。你看你姐姐蜕完壳之后，现在外壳变硬、身体变大了吧。"

螃蟹宝宝怯怯地来到姐姐身边，用前爪在姐姐身上试了试，然后又在自己身上试了试，发现真的比自己的壳要坚硬，而且姐姐也比自己大很多。于是疑惑地问妈妈："妈妈，姐姐怎么突然间比我大那么多？"

妈妈："我们螃蟹家族都是要通过蜕掉旧壳才能逐渐长大的。每一个家族成员，一生中大约都要蜕18次壳，这是我们成长必须要经历的过程。你才刚刚要第一次蜕壳，以后还有很长的路要走。"

宝宝："每一个螃蟹都必须要蜕壳才能长大？"

妈妈："除非你不想长大，始终做一个小不点。"

宝宝："我要长大，我要长得比哥哥姐姐还要强大，我才不做小不点。"

妈妈:"那你就老老实实准备蜕壳吧。"

宝宝:"妈妈,究竟该怎么蜕呢?"

妈妈:"你首先需要把眼睛收一收,让保护眼睛的外壳与眼睛脱离,然后再把身体向内收缩,让身体与外壳分离。"

螃蟹宝宝按照妈妈的嘱咐,使劲地收缩眼睛和身体,发现眼睛和身体真的与外壳分离了,感觉特别舒服,也没有先前那么饱胀和难受了。螃蟹宝宝非常开心,迫不及待地问妈妈:"妈妈,我的眼睛和身体已经与外壳分离了,下一步该怎么办呢?"

妈妈:"你再把两个手使劲向里收缩,让手和外壳分离,一点一点向身体收缩。接着再从前向后,依次把腿向里收缩,让腿和壳分离并回缩。然后以手和腿为支点,把屁股使劲向上顶。每把上壳顶开一点,手和腿就跟着向里收缩一点,然后再用力顶屁股。直到手和腿全部从壳中抽出来,你就可以从屁股后面脱壳而出了。"

螃蟹宝宝按照妈妈的嘱咐,一点一点地收缩用力,没过多长时间,就真的从旧壳中出来了。

蜕壳后的螃蟹宝宝虽然身体很软,也很虚弱,但是它发现自己长大了,而且特别舒服和清爽。

螃蟹宝宝知道,用不了多久,自己的外壳就会变坚硬,自己将比以前更结实更强壮。

【点评】

螃蟹宝宝要通过丢掉旧壳,才能获得新生。人也一样,要通过丢掉不良习惯,才能获得新生。螃蟹丢掉外壳前,需要大量进食,为身体储备足够的营养,同时尽可能地把旧壳中的钙元素吸收利用,然后才能顺利完成蜕变。人丢掉坏习惯，也要提前做好各种储备，同时尽可能吸收旧习惯中的营养因子，从而推陈出新，获得新生。如果一个人死守不良习惯不放，那么就会如同不蜕壳的螃蟹一样，非但不能再长大，反而会直接被旧壳困死。人不能新生，都是因为不能丢掉旧的不良习惯，被不良习惯直接困死的缘故。所以说，丢掉旧的不良习惯的方法，就是新生的全部秘密所在。掌握了丢掉旧的不良习惯的方法，就等于掌控了自己的命运。

第 20 天

一、早课

早上起床，进行一次心理暗示练习（连续念三遍）。

今天是美好的一天，今天一定很好，我一定对自己更满意！

我的习惯每天都在变好。

我每天都在进步。

我不再对任何事情感到失望。

我充满喜悦和爱，谁都打不倒。

我对我的生命完全负责。

要让事情改变，先得改变自己；要让事情变得更好，先让自己变得更好。

假如我不能，我一定要；假如我一定要，我就一定能。

我必须立即行动，绝不拖延、逃避。

成功者绝不放弃，放弃者绝不成功！

二、重点事项

（1）强化理性对习惯改变的主导作用，用理性来管理意识。

（2）深入思考和研究习惯改变的核心机理，不断自我觉知，获得智慧和能力。

（3）强化意识与旧习惯思想行为的连接和联动机制。

三、过程记录

早饭，旧习惯未发生。

上午旧习惯未遂 2 次。

午饭，旧习惯未遂 1 次。

中午休息，旧习惯未发生。

下午，旧习惯未遂 1 次。

晚饭，旧习惯未发生。

读书，旧习惯未发生。

晚上整理日志，旧习惯未发生。

四、分析与思考

旧习惯未遂只发生 4 次，新的端正的坐姿已经取代了跷二郎腿的习惯，如果能够坚持多天不反弹，那么即可宣告习惯改变获得成功。

人理性的主导，才是改变的根本所在。之前对意识的监管依赖太深，把习惯改变几乎完全建立在意识的监管之上，结果因意识监管的反复无常导致习惯改变的频繁反弹，造成习惯改变成果的不确定，走了很多弯路。当意识到理性才是习惯改变的真正主导时，当开始把意识纳入到理性的管理范围之内时，各方面的关系才真正理顺，进而建立秩序，消除混乱。

人的理性是生命之神，是智慧之源。而人的意识则总与心情和精神状态直接相关。人的心情和精神状态越差，意识受影响和削弱就越严重，其监管能力就越差，甚至会出现意识监管丧失的问题。同样，人的心情和精神状态越好，意识的监管能力也就越强，效果就越理想。

人的习惯改变训练，比较容易受心情与精神状态的影响和干扰。

今天开会，当自己用理性来审视自己的端正坐姿时，突然有一种前所未有的舒适感和放松感，新习惯的益处和好的感觉到现在才真真实实地体悟到，而且是一种发自内心的更深层次的愉悦感。

当旧习惯被新习惯所替代，旧习惯被习惯性地克制和忽略，新习惯不断重复和强化时，新习惯的好处自然随之而来。而旧习惯所带来的身体习惯性的舒适感反应，也随之消失不见，相反，当旧习惯发生时，身心的感觉反而是不习惯、不舒服。

新旧习惯前后180度地反转，意味着新习惯已经开始占主导地位，旧习惯已经慢慢失去了存在和反复的价值，这是习惯改变成功的根本性标志。虽然目前还不能说习惯改变已经获得成功，但是已经出现了新习惯压倒旧习惯的真实存在，离成功还会远吗？

五、结论

习惯改变和训练非常成功！

六、发现

人的理性，才是习惯改变和训练的主导。意识同样接受理性的主导和控制，如此才能使习惯改变和训练更加高效、稳定。

新习惯同样能令人舒服和愉悦，甚至比旧习惯所带来的舒服和愉悦程度更深、更理想。

故事索引　*神像的态度*

从前，有一个以砍柴为生的人，每天都要上山砍柴，然后把木柴背到市场上去卖，换成钱粮。

有一天清晨，雨后，他依然要上山打柴。他准备好工具和绳索，吃过早饭，跨过几条小河，直奔山上。

他在山上辛勤劳作了很久，才打到一捆上好的木柴，于是便高高兴兴地背起木柴往回赶。

然而，当他路过来时的一条小河时，傻眼了，小河居然涨水了。以他跨过小河的经验，他知道自己背着这么重的一捆木柴是无论如何也不能安全地蹚过河去的。

面对湍急的水流和沉重的一大捆木柴，他明白如果错过市场交易的时间，那么今天就没有任何收入了。他越想越着急，越着急越没有好办法。

就在他万般无奈的情况下，他抬头向四周一看，发现不远处有一座庙。他抱着试试看的态度向庙门走去，希望在庙里能找到过河的工具或办法。

他走进庙里环顾四周，不禁大失所望。这里除了一尊高大的神像之外，没有任何可以借用的东西。

突然，他眼前一亮，这尊神像又高又大，不正好可以横着当桥用吗？

于是他二话没说，直接上去搬那尊神像，找个合适的地点，将神像横放在小河的两岸，然后他挑起木柴，踏上神像，很轻松地过了河。

也不知过了多久，又有一个人来到小河边。小河自然也挡住了他前进的路。

他四顾小河，发现不远处有一个桥，于是直奔桥而去，想从桥上过河。

当他走近小桥时，才发现那桥居然是神像，于是立即对神像拜了又拜，嘴里念念有词："谁怎么能这样呢？怎么能如此对待神灵呢？对神灵这么不尊重，会遭到报应的。"

于是他毕恭毕敬地把神像扶了起来，将神像放到原来的位置，端端正正地放好，还把神像全身擦洗干净。之后他对着神像虔诚地拜了几拜，请求神灵原谅，然后才慢慢离开。

看到前后两人截然不同的做法，庙里的小鬼开始愤愤不平了，对神像说："大王，您是这里唯一的神灵，在这里保护着人们，享受他们的祭祀，是多么高贵。可您今天却被人当桥踩在脚下，您为什么不降祸惩罚那个把您当桥过河的人，赐福给那个把您请回来又擦拭干净的人呢？"

神像想了想说："如果我要惩罚，也是惩罚那个后来把我请回来的人。"

小鬼百思不得其解，连忙问道："有人用脚踏在大王身上过河，没有比这更大的侮辱了，大王非但不怪罪他，反而要降祸对自己虔诚有加的信徒，这不是恩将仇报吗？"

神像说："那个把我当桥从我身上走过的人，根本就不信神道，我哪里还能够降祸给他呢？只有信奉神道的人，我才能够对他施加影响，才能赐福或降祸给他们啊！"

自然万物往往如同神像，你越是怕它，它反而越是欺负你，对你无所不用其极；相反，如果你不怕它，不把它当回事，那么它反而拿你没办法了，因为它根本就不知道如何影响你、左右你，怎么会贸然地对你发起攻击或有所行动呢？

【点评】

人，自己才是自己的神和佛。而人自身所养成的坏习惯，如同故事中的神像一样，如果你信奉它、服从它、恭敬它，那么它必然会左右你、控制你，甚至降祸于你；相反，如果你根本不把它当回事，你去控制它、左右它，那么它反而会对你服服帖帖，不会损害你。人要想主宰自己的命运，首先必须能主宰自己的坏习惯，把它对自己的控制程度降到最低，大胆而又毫无顾忌地控制坏习惯，那么坏习惯自然拿你毫无办法。

第 21 天

一、早课

早上起床，进行一次心理暗示练习（连续念三遍）。

今天是美好的一天，今天一定很好，我一定对自己更满意！

我的习惯每天都在变好。

我每天都在进步。

我不再对任何事情感到失望。

我充满喜悦和爱，谁都打不倒。

我对我的生命完全负责。

要让事情改变，先得改变自己；要让事情变得更好，先让自己变得更好。

假如我不能，我一定要；假如我一定要，我就一定能。

我必须立即行动，绝不拖延、逃避。

成功者绝不放弃，放弃者绝不成功！

二、重点事项

（1）继续强化理性在习惯改变中的主导作用。

（2）经常有意识地观察自己的新习惯，不断从新习惯中获得愉悦和舒适感。

三、过程记录

早饭，旧习惯未遂 1 次。

上午，旧习惯未发生。

午饭，旧习惯未发生。

中午休息，旧习惯未发生。

下午，旧习惯未遂 2 次。

晚饭，旧习惯未遂 1 次。

读书，旧习惯未遂 1 次

晚上，整理日志，旧习惯未发生。

四、分析与思考

旧习惯未遂只发生 5 次，与昨天基本持平。从某种程度上讲，新的端正的坐姿已经取代了跷二郎腿的习惯。

全天没有发生旧习惯改变所造成的身心不适感，新习惯所带来的舒适愉悦的感觉又有呈现，也就是说，到目前为止，新习惯已经成为日常习惯，旧习惯已经慢慢削弱，变得可有可无，没有存在的意义和价值了。

这或许与自己当天的精神状态好有关，或许与理性主导控制作用发挥得好有关。总之，习惯改变的结果是令人满意的，已经出现了持续稳定的延续，是令人欣喜的。

对于与我相伴了30多年的顽固不良习惯，在坚持了21天之后，新习惯基本完成对旧习惯的替代，习惯改变已经取得初步成功。由此推知，对于人拥有的那些没有形成身心依赖的习惯，改变起来应当说是更加容易和简单。因此，对于习惯改变，无论任何人，只要有信心、有决心、有毅力，能够坚持理性主导、控制不间断，很快就能完成新习惯对旧习惯的初步替代，周期一般在20天左右。

虽然旧习惯得到实质性地克制，替代的新习惯初步养成，然而并不说明习惯改变已经获得圆满成功。对于新习惯，后期的强化和纠偏才是关键。对于新习惯强化和纠偏的时间，原则上应为习惯养成时间的2~3倍，如此新习惯才能真正完成由意志努力变成潜意识的行为。

检验习惯改变成功的标志，就是至少连续一个月未出现旧习惯。达到这个标准之后，习惯改变就圆满成功，习惯改变工作才算全面完成。

五、结论

今天习惯改变是成功的。

六、发现

新习惯初步替代旧习惯之后，需要用更多的时间来对新习惯进行不断地强化和纠偏，如此才能将新习惯固化并内化入潜意识，变成自动自发的新习惯。

故事索引　雕刻石像

从前，有个人爱好雕刻，在他刚成年的时候，他就开始拜师学雕刻。

在求学期间，他虽然喜欢雕刻，但由于害怕吃苦，而且总是静不下心，不是嫌雕刻时间太长、石沫乱飞，就是嫌雕刻工作脏，因而总是心不在焉，师傅也拿他没办法。

转眼学习期满，他不得不出师回家。

在学习期间，有师傅的指导和修改，因此无论如何，石像也能雕个八九不离十，然而当他回家开始自己独立雕刻石像时，问题就来了。

不仅是石像其他部位雕刻起来不顺手，更为致命的是连石像的灵魂——眼睛和鼻子也雕不好。他雕刻的石像，眼睛不是大了，就是小了；鼻子不是歪了，就是形状太糟糕；眼睛和鼻子配合不是眼睛不配鼻子，就是鼻子配不了眼睛，怎么雕怎么难看，怎么修改怎么不满意。

到这时他才开始后悔：当初跟师傅学习的时候不认真，连雕刻最基本的技术都没学好！

在万般无奈的情况下，他只好厚着脸皮，再次去拜访师傅，向师傅请教石像雕刻技术。

师傅虽然对他当初的学习态度和结果不满，但是看到他这次态度诚恳，求学心切，于是重新给他讲述石像雕刻的技术和技巧。

讲到石像的鼻子和眼睛时，他急不可耐地问："师傅，我为什么总是雕不好眼睛和鼻子呢？"

师傅回答说："在初期雕刻时，石像的鼻子不妨刻得大些，眼睛不妨刻得小些。"

"为什么要这样呢？"他仍然很疑惑。

师傅回答说："石像的鼻子刻大了，可以再削小；而如果刻小了，就无法再加大了。"

"那眼睛呢?"他接着问。

"眼睛则相反,眼睛刻小了,可以再修大;如果刻大了,就无法再改小了。"师傅说。

他恍然大悟:"原来是这么回事啊,难怪我在雕刻的时候总是把握不住鼻子和眼睛的大小,而且总是越改越难看,最后不得不放弃雕刻呢,原来是没有领悟最关键的雕刻技巧啊。"

师傅语重心长地说:"世上万物的道理都是相通的,对于那些一旦成形了就无法恢复和挽回的事物,在开始时就一定要非常谨慎,留有足够的修改和回缓的余地,这样失败的可能性就小多了。"

他感叹地说:"万事万物都有道啊。"

师傅说:"遵循事物的规律和法则做事,才能少失败、少挫折;如果违背事物的规律,那么除了失败还会有什么结果呢?"

【点评】

古人说"顺道者昌,逆道者亡""凡事预则立,不预则废"。《道德经》第六十三章讲:"为之于未有,治之于未乱。"万事万物都有道,都有自身独特的规律和法则。人只有遵循事物的规律和法则做事,才能少失败保成功。对于人的习惯改变训练而言,同样需要遵循人类特有的规律和法则——道。对于不良的坏习惯,在初期改变时不妨从小处着手,一步一步地不断扩大;而对于新建立的替代好习惯,在开始时不妨从大处着手,再一点一点地不断细化和强化。做到凡事留有余地,未雨绸缪,不急功近利,不急于求成,用温和的方式,用渐进的过程,逐步克服坏习惯和建立新习惯,才是理性智慧之举。

第 22 天

一、早课

早上起床,进行一次心理暗示练习(连续念三遍)。

今天是美好的一天,今天一定很好,我一定对自己更满意!

我的习惯每天都在变好。

我每天都在进步。

我不再对任何事情感到失望。

我充满喜悦和爱,谁都打不倒。

我对我的生命完全负责。

要让事情改变,先得改变自己;要让事情变得更好,先让自己变得更好。

假如我不能,我一定要;假如我一定要,我就一定能。

我必须立即行动,绝不拖延、逃避。

成功者绝不放弃,放弃者绝不成功!

二、重点事项

(1)继续强化理性对意识的主导和控制,实现意识对习惯改变监控的常态化。

(2)继续巩固和纠偏新习惯。

三、过程记录

早饭,旧习惯未遂 1 次。

上午,旧习惯做实并及时纠正 2 次,未遂 1 次。

午饭,旧习惯未发生。

中午休息,旧习惯未遂 1 次。

下午,旧习惯做实并及时纠正 1 次,未遂 5 次。

晚饭,旧习惯未遂 1 次。

读书，旧习惯做实并及时纠正1次。

晚上，整理日志，旧习惯未发生。

四、分析与思考

今天，旧习惯做实后发现并及时纠正达4次，未遂9次，旧习惯出现比较严重的反弹现象，更为严重的是，旧习惯做实之后才被发现竟然达到了4次，而且身体感觉也不舒服、不适应，说明意识对旧习惯的监管出现了问题，灵敏度不强。但值得欣慰的是，旧习惯做实之后并没延续多长时间，往往行动刚完成就立即被意识所发现并得到纠正。

习惯改变成果在维持了三天的稳定期之后，为什么突然出现大幅度地反弹呢？

或许是旧习惯依然具有强大的力量，往往会在不经意间跳出来"兴风作浪"，欲回归原来的状态，从而破坏了坚持已久的习惯改变成果。或许是今天感冒不舒服，头疼导致自己的意志力下降，理性控制能力弱化。由此可见，人的身心状态同样影响和制约着理性的强度和效度。

今天有个意外发现：当跷二郎腿的习惯被克制之后，居然会频繁地出现微小的不易被察觉的替代性旧习惯，比如习惯性地两腿靠近紧贴、双脚面交叉、双手手指交叉等，这是之前都没有过的行为。对于这样的行为，自己之前没有意识到，所以也没有关注，可能它们已经存在很久了！

旧习惯的这种不明显变换替代，与跷二郎腿的性质差不多，只不过隐蔽性更强，更不容易被发现。双腿紧贴同样具有紧张感，双脚、双手交叉也展现出自我保守和防御意识，根本没有完全放松放开，身心同样处于一种半封闭状态。

原来坏习惯也会自然而然地寻找替代习惯，实现习惯的无意识转移，这是我之前一直不曾想到和注意到的。

由此可见，习惯改变一定要严防坏习惯的变异和变种，即坏习惯由一种表现形式演变成另一种表现形式，导致坏习惯改来改去，最终换汤没换药。

如果内在潜意识不改变，那么习惯改变就不会取得真正的成功。因为万变不离其宗，变来变去，最终还是潜意识的自动自发反应，本质没有变化，只是形式发生改变而已。

这真是让人啼笑皆非、大跌眼镜、无可奈何的事情。

原来，任何习惯的改变，最终都要归于潜意识的替代和改变。只有潜意识发生改变，才是真正意义上成功的改变。

所以，人的习惯改变，不能满足于原有外在行为表现的改变，因为外在行为表现的改变，并不代表内在已经发生改变。如果只满足于外在行为表现的改变，就认为大功告成，那就会犯主观主义错误。

当人的原有的外在行为改变之后，还要详细分析和审查自己的外在行为表现，看看习惯改变之后，有没有出现新的、之前没有的行为和表现，如果有，就要考虑是不是旧习惯的变种。

只有经过确认不存在旧习惯的变种之后，真正的习惯改变才算完成。

或许，旧习惯的变种是习惯改变的一个过渡阶段。因为人的习惯不可能一下子完全消失，总需要一个过程。

但是即便需要一个过渡性、不起眼、影响不大的新变种习惯产生，也要关注它，不能让它形成一个新的习惯。否则，一个行为习惯改变之后，又引发另一个或多个差不多的新习惯，习惯改变就不彻底。

原则上，还是不要让变种的过渡习惯产生为好。只有习惯改变之后没有相应的变种习惯存在，习惯改变才是真正的成功。

所以说，一个人习惯的改变，并不容易，而是一个相当复杂的人生课题，必定还有更多更大的奥秘等着人类去探索和发现。

五、结论

今天旧习惯出现意想不到的严重反弹，今天的改变并不成功。

六、发现

旧习惯会随着个体改变的努力而产生变异和变种，以一种隐蔽不易被发现的形式存在。

习惯改变的根本，是潜意识联动模式的改变。

故事索引　致命的心理限制

1. 跳蚤与玻璃杯

有位心理学家曾经做过这样一个实验：在一个玻璃杯里放进一只跳蚤，跳蚤能轻易地从玻璃杯中跳出来。再重复几遍，结果都一样，玻璃杯根本难不倒它。

经过测试，他发现跳蚤跳的高度竟达到了它身体高度的 400 倍左右，跳蚤简直可以称得上是动物界的跳高冠军了。

接下来心理学家再次把这只跳蚤放进玻璃杯里，不过，这次在杯子上加了一个透明的玻璃盖子。

"啪"的一声，跳蚤重重地撞在盖子上，掉了下来。但是它没有停下来，因为跳蚤的生活方式就是"跳"。

在一次又一次的碰壁之后，跳蚤变聪明了，它开始根据盖子的高度来调整自己跳跃的高度。

又过了一些日子，心理学家发现这只跳蚤再也没有撞到盖子，只是在盖子下面自由地跳动。于是，心理学家把盖子轻轻拿掉了，可是跳蚤还是在原来的那个高度继续蹦跳。

三天以后，他发现这只跳蚤还在那个高度蹦跳……一周以后，这只可怜的跳蚤还是没有超出那个高度。

难道跳蚤真的不能跳出这个杯子吗？绝对不是。只是它的心里已经默认了这个杯子的高度是自己无法逾越的，所以便不敢再尝试。

2. 铁链与大象

小象出生在马戏团中,它的父母也都是马戏团的老演员。

小象在童年的时候非常淘气,总是不停地到处乱跑。主人为了防止它走丢或者搞破坏,用一根细细的铁链把它拴住,无论走到哪儿它都不能自由乱跑。

开始时,小象对限制它自由的铁链极其反感和不习惯,会不停地用力去挣脱:一次,不行;两次,不行;三次,还是不行;四次、五次……

每次把小象拴住,小象在试图摆脱铁链束缚的努力失败而精疲力竭之后,只好老老实实地在铁链所限制的范围内活动。

随着时间的推移,小象挣脱铁链的束缚的努力也同样在延续,但是没有一次获得成功,最终小象认识到:"这根铁链结实无比,依靠自己的力量是根本不可能挣脱的,只能老老实实地被铁链锁着。"

随着年龄的增长,小象的认识也不断地加深,它对铁链的坚固性深信不疑。越是长大,对铁链就越是适应,慢慢地,它再也不去尝试挣脱铁链的束缚了。它已经完全习惯了铁链的存在,并认为这就是生活本来的样子,何况父母也都跟它一样被铁链拴着。

时间一年年过去了,小象很快长成力大威猛的成年雄象。若以它成年之后的力气和能力挣断这根铁链简直不费吹灰之力。

然而,铁链的不可挣脱认知如同魔咒一般,已经牢牢地扎根于小象的心中,完全控制了小象的思想和行为。即便可以轻松地挣断铁链,它也不去做任何尝试,因为它始终认为:铁链是坚固、牢不可破的,自己任何尝试挣脱的努力都是会失败的,除了搞得自己精疲力竭,除了让自己遭受身体上的伤痛,不会有任何结果。

在小象以后的生活中,即使偶然因马戏团工作人员的疏忽,铁链的一端并没固定好,小象也会乖乖地待在原地不动;或者在铁链一端根本未拴的情况下，小象依然老老实实地待在原地。

对于小象来说，小铁链由开始外在的有形，变成了最终的无形，牢牢地把它拴住，使它再也不能挣脱。

【点评】

俗话说：人最大的对手是自己。同样的道理，人最大的障碍是自己内心日积月累形成的无形的心理限制。在人的一生之中，何尝不是与跳蚤和小象一样：在人生的最初阶段，总是不停地尝试，不停地失败，不停地获得新的认知，不停地坚定信念。随着自己年龄的增长，幼年习得的信念和认知也会不断地加强和固化，最终在内心形成一根或多根无形的"铁链"，把自己牢牢地拴在"铁链"所圈定的范围之内。即使日后已经具备足够打破内心"铁链"的能力，但都毫无例外地放弃任何形式的努力，甚至连想也不会去想，整个人早已经被内心无形的枷锁给牢牢地锁住。这种现象在心理学上被称为"习得性无助"。

人潜意识的自我设限，就是生命的魔咒。

人日积月累形成的不良习惯，就是人潜意识的魔咒。长年累月形成的恶习，加上尝试改变恶习的不断失败，最终迫使人们认为自己就是这样的人，自己根本拿恶习没有办法，于是就对恶习投降，完全放弃对恶习改变的想法和努力，最终使自己变成恶习的奴隶，任由恶习兴风作浪而无可奈何。

实际上，人的习惯都是后天形成的，没有人天生就具有某种习惯。既然习惯是后天形成的，那么也同样能够在后天经过自己的努力得到改变和纠正。之所以不能改变和纠正，完全是潜意识的"自我设限"。人，只要具有改变的勇气和决心，伴随扎扎实实的行动，坚持到底不放弃，那么所有的恶习都如同纸老虎，会轻易地被打败。人生拥有无限可能，前提是要能够解除潜意识的魔咒：自我设限！

第23天

一、早课

早上起床，进行一次心理暗示练习（连续念三遍）。

今天是美好的一天，今天一定很好，我一定对自己更满意！

我的习惯每天都在变好。

我每天都在进步。

我不再对任何事情感到失望。

我充满喜悦和爱，谁都打不倒。

我对我的生命完全负责。

要让事情改变，先得改变自己；要让事情变得更好，先让自己变得更好。

假如我不能，我一定要；假如我一定要，我就一定能。

我必须立即行动，绝不拖延、逃避。

成功者绝不放弃，放弃者绝不成功！

二、重点事项

（1）用理性主导下的意识监管旧习惯的变种和变异。

（2）加强身心不适及精神状态不理想情况下的理性自律。

（3）坚持习惯改变不动摇。

三、过程记录

早饭，旧习惯未发生，变种微行为1次。

上午，旧习惯未遂1次，变种微行为3次。

午饭，旧习惯未遂1次，变种微行为未发生。

中午休息，旧习惯未发生。

下午，旧习惯未发生，变种微行为 10 次。

晚饭，旧习惯未发生，变种微行为 5 次。

读书，旧习惯未发生，变种微行为 1 次。

晚上，整理日志，旧习惯未发生。

四、分析与思考

今天，旧习惯未遂只有 2 次，是习惯改变以来的最好成绩！然而，自从开始关注旧习惯的变种行为时，才发现旧习惯变种微行为还是非常严重的，全天居然达到了 20 次，大有取代旧习惯之势。

新习惯是建立起来了，然而旧习惯的变种行为却大行其道，这是意想不到的事情。

人的坏习惯如同内心的小偷或盗贼，会在人不知不觉的情况下干坏事，偷走人内心的善良，损害自身的品德，破坏前行的正道。人能不能管住这个隐形的盗贼，将直接决定习惯改变能否成功，自然也是人能否走正道、能否学好的标志。

人的理性和自律，是内心盗贼的克星，只要人的理性始终处在主导和控制地位，那么内心的盗贼就不会兴风作浪，更不会对自己造成损害和破坏。

由此可见，人的理性和自律是何等的重要，它们才是真正的生命之神、智慧之源！

由此也可以推知，所谓 21 天改变习惯的结论值得商榷，如果去除人生命中各种变化和意外事务的影响，全身心投入塑造或培养新习惯，或许真的能够做到。但是如果把这个结论放在整个人生命的动态大系统之中，放在各种各样的动态变化和影响之中，那么往往就不具有太多的实效性和决定性。因此， 21 天习惯养成理论并不适用于所有人，或者说根本不适用于普通人，只适用于极少数天赋和资质非常好的特殊群体。

如果有人迷信 21 天习惯养成理论，或者将它视为真理，应用于各种培训和教育之中，我认为是很有问题的，这理论可能将人引入歧途。因为对于大多数人来说，面对自己的不良习惯，往往很难通过 21 天的坚持和训练根除，既然不具有大众适用性，就不能拿出来当作真理，只能作为一个可借鉴的结论。

虽然自我习惯改变实践只是我自身的特例，并不能代表大众，但通过对习惯改变的认知和深入，发现能够适用于大众的习惯改变理论，到目前还真的不多。

对于习惯改变，宁可没有理论，也不能用错误的理论来引导人或影响人，这是原则。因为人对自我不良习惯的挑战或改变，一旦失败，往往就会丧失再次改变的尝试和努力，形成"习得性无助"，进而导致坏习惯终生相伴，祸害一生。

人对于不良习惯的改变，只能成功，不能失败，否则，人将终身被不良习惯所奴役，这才是严重和可怕的事情。

五、结论

从整体来看，今天的习惯改变是最为成功的，虽然旧习惯的变种习惯很严重，但那毕竟是刚存在不久的行为，并未形成气候，相信去除它们将是非常简单和容易的。

六、发现

旧习惯的变种行为，会在旧习惯被克制之后跳出来兴风作浪。

故事索引　放大自己的优点

有一个穷困潦倒的法国青年，打算去首都巴黎见见世面，谋条生路。

他的父亲由于没有能力给孩子创造更多更好的生活及条件，于是也只能寄希望于他，希望他能闯出一条光明大道，彻底改变穷苦的命运。

父亲对他的决定感到非常欣慰，自然非常支持。然而他还是有一丝的忧虑：一个贫困交加的人，独自一人到外面闯荡生活，困难自然可想而知，搞不好就会露宿街头，沦落为乞丐。

因此，在他去巴黎之前，父亲特意交代他："孩子，独自一人外出谋生是不容易的，应该给自己留条后路以备不测。如果你在巴黎实在无路可走，可以去找爸爸昔日的一位朋友，凭借这位朋友现在的声望和地位，应该能够帮你找一份体面的工作，以便使你能在那个繁华的大都市中站住脚。"

他牢牢地记住了父亲的话，依依不舍地离开家，来到了繁华的巴黎。

刚到巴黎，人生地不熟，更要命的是，他不知道自己究竟该干什么，能干什么，怎样去找活干。多次尝试无果，饥寒交迫之际，他想到了父亲的嘱咐，于是厚着脸皮前去拜访父亲的朋友。

见到这位从未见过面的伯父，在他表明自己的身份、说明自己的来意之后，父亲的朋友就问他："年轻人，你有什么特长呢？数学怎么样？"

他羞涩地摇摇头回答："没有特长，数学也不好。"

"那历史、地理怎么样？"他还是不好意思地摇摇头。

"那么法律或别的学科呢？"他再一次窘迫地垂下了头，说："都不行。"此时，他的声音低到连自己都听不见。

"那会计怎么样？……"

面对父亲的朋友的接连发问，他能够做出的回答都只是不停地摇头和说"不"，他很难为情地告诉伯父："自己一无所长，连一点儿优点也找不出来。"

此时他已经越来越坐不住了，开始后悔今天的拜访了。

然而，父亲的朋友却似乎显得很有耐心，一点儿也没有嘲笑他的意思，只听他说："那你先把你的住址写下来吧，你是我老朋友的孩子，我总得帮你找一份差事做呀。"

他的脸涨得通红，羞愧地写下了自己的住址，就急忙想离开，可就在此时他却被父亲的朋友一把拦住了，这位伯父对他说："年轻人，你的字写得很漂亮嘛，这就是你的优点啊，你怎么没有提到呢？你不该只满足于找一份糊口的工作。"

"字写得好也算优点？"他怀疑地看着父亲的朋友，但很快在他的眼里看到了肯定的答案。

告辞之后，他走在路上就想："既然他说我的字写得很漂亮，可见我的字真是很漂亮；我的字漂亮，写文章也是我曾经努力的方向，中学时我的作文还被老师赞赏过，那么我肯定也能把文章写得漂亮……"受到初步肯定和鼓励的青年，开始把自己的优点一一罗列出来，并放大开来。他一边走一边想，兴奋得脚步都轻松起来。

从此，这个青年开始发奋向上，刻苦学习和写作。

这位青年就是家喻户晓的法国著名作家大仲马，他的小说《三个火枪手》和《基督山伯爵》流传至今，被誉为世界文学史上的经典之作。

【点评】

金无足赤，人无完人。生活在世界上的每一个人，都会有这样那样的优点和缺点。原则上，优点应当放大和肯定，这样更加有利于优点的重复和强化，促进人不断进步和完善；缺点则不应当被放大，相反则应当被忽略或缩小，这样才不会使缺点得到彰显、延续和强化，从而给人带来无穷无尽的伤害。然而在现实生活中，人们总是习惯倒过来行事，总把缺点无限放大，而把优点隐藏或压低，因而导致人总是陷入缺点的伤害和循环之中不能自拔。人的习惯也如同优缺点一样，对于好习惯，应当扩大和彰显；对于坏习惯，则应当忽略和压低。只有这样才能让好习惯大行其道，坏习惯弱化和消失。要知道，人的成功来自自己的优势、优点和好习惯，而不是弱势、缺点和坏习惯！

第 24 天

一、早课

早上起床，进行一次心理暗示练习（连续念三遍）。

今天是美好的一天，今天一定很好，我一定对自己更满意！

我的习惯每天都在变好。

我每天都在进步。

我不再对任何事情感到失望。

我充满喜悦和爱，谁都打不倒。

我对我的生命完全负责。

要让事情改变，先得改变自己；要让事情变得更好，先让自己变得更好。

假如我不能，我一定要；假如我一定要，我就一定能。

我必须立即行动，绝不拖延、逃避。

成功者绝不放弃，放弃者绝不成功！

二、重点事项

（1）继续强化对旧习惯变种行为的监管。

（2）坚持理性和自律，将意识监管反作用于理性和自律。

三、过程记录

早饭，旧习惯未发生，变种微行为未发生。

上午，旧习惯未发生，变种微行为 2 次。

午饭，旧习惯未遂 1 次，变种微行为未发生。

中午休息，旧习惯未发生。

下午，旧习惯未遂 2 次，变种微行为 3 次。

晚饭，旧习惯未发生，变种微行为 1 次。

读书，旧习惯未发生。

晚上，整理日志，旧习惯未发生。

四、分析与思考

今天，旧习惯未遂 3 次，变种微行为 6 次，改变的成果又创佳绩！

新习惯已经形成较为稳定的习惯，旧习惯已经得到基本的控制和削弱，习惯改变基本获得成功。

对于旧习惯的变种微行为，果然不出所料，由于它是由旧习惯变种派生而来的，时间并不长，并未形成真正的习惯，所以相对而言，是很容易控制和消除的。第一天开始管理和控制变种微行为，成效非常显著。

把人习惯改变的经验和实践应用于人并未固定或者刚发生不久的思想、语言和行为方面，效果会立刻显现，而且克服之后往往不容易反弹。因此，习惯改变的策略和方法，完全可以用于孩子未定型思想、语言、情绪态度和行为等方面不良表现的纠偏和矫正方面，这是一个极其重要且富有实效的方法体系，值得推广和应用。

试想，此方法体系，对于人潜意识中根深蒂固的习惯尚且能够改变，更何况是尚未定型的思想、语言、情绪态度和行为呢？

个体习惯改变的经验和实践，对于整个人生来讲，其益处是无法用语言来描述的，它就是一个人极其重要的智慧宝藏，取之不尽，用之不竭！

因此，每一个人，都有必要针对自己的某个不良习惯，进行深入全面的改变训练，无论改变成功与否，改变训练的经验和实践都将成为相伴终身的巨大财富，必将在人生的每一个重要关口发挥关键作用。

五、结论

今天的习惯改变，是前所未有的成功的一天。

六、发现

人习惯改变的经验和实践,是相伴终生取之不尽、用之不竭的宝贵财富,用它来改变和克制初成的思想、语言和行为,效果立竿见影,而且不容易反弹。

故事索引 寻找"心愿石"

从前,家住海边的一位年轻人,整天梦想着发财,达到几近疯狂的地步。

无论信息是真还是假,只要他听说能够发财,就会不辞辛苦地前去寻财。

然而,尽管他是那么渴望发财,但钱财似乎总是与他无缘,他总是一次又一次地与钱财失之交臂。

如此,经过多年尝试与努力,他依然穷困潦倒,一无所获。

一个偶然的机会,他听说附近深山中有一位白发长者,无论是谁,只要能够有缘与他见面,就必定有求必应。

年轻人听后喜出望外,二话不说就打点行装,前往深山寻找传说中的白发长者。

功夫不负有心人。在苦苦寻觅了很多天之后,他如愿以偿地见到了白发长者。

年轻人对长者说明来意后,就直截了当地请求长者给他赐宝。

白发长者微微一笑,对年轻人说:"每天早晨,在太阳初升之时,你到村外的沙滩上去寻找一块'心愿石'。这块'心愿石'很容易识别,普通的石头握在手里是冰凉的,只有'心愿石'握在手里是温暖的,而且还会发光。只要你能够找到'心愿石',你所有的梦想就都能实现。"

年轻人对长者的话深信不疑,于是感激地拜别长者,回到自己的小村庄，开始了寻找"心愿石"的历程。

每天清晨，在太阳初升之时，这个年轻人都会在沙滩上认真仔细地寻找。他对面前的每一块石头，都要握在手里感觉一下是凉还是热，再看看会不会发光。如果石头是凉的，又不会发光，就立即扔进大海，以防下次重复拾起。

捡起一块石头，摸一摸，看一看，不是，扔进大海。再捡起一块，再摸一摸，看一看，不是，再扔进大海……

一天，两天，三天……什么也没找到。

一月，两月，三月……什么也没找到。

随着时间的推移，他向海里扔石头的力气也越来越大：对于捡到手的普通石头，他总是本能地能扔多远就扔多远，以防止石头被海浪再次冲上岸，让他重复劳动。

每天带着希望而来，每天又失望而归，很快年轻人寻找"心愿石"已半年有余，然而，他始终一无所获。

即便这样，他依然不放弃，因为他坚信，白发长者说的是真的，这片沙滩上一定有他梦寐以求的"心愿石"，而这颗"心愿石"能成就他所有的梦想。

日积月累，年轻人"捡石头，摸一摸，看一看，然后扔进大海"已经形成习惯性动作。人的习惯，是深入潜意识的，并不为意识所觉知，任何行为，一旦养成习惯，就会不受意识控制，自动自发地运作。习惯的自动自发性，决定了习惯性行为并不受意识所控制，总是在不知不觉的情况下就完成了。年轻人自然也不例外，受习惯影响，每天清晨他虽然在捡石头，但是百无聊赖的他，只是习惯性地捡了扔，扔了捡，对捡到的石头既不看，也不摸，就直接扔进大海。

一天清晨，他和往常一样，习惯性地在沙滩上捡石头、扔石头。他仍然跟往常一样，只要捡起一块石头，发现不是"心愿石"，就会习惯性地丢到海里去。

一块、二块、三块、四块……突然，他眼睛的余光发现了刚扔出手的石头居然发着光。他瞬间惊醒：这不就是他苦苦寻觅了大半年所要寻找的"心愿石"吗？他立即起身，拼命地向发光的石头奔去。然而，在他开始狂奔时，石头早已落入大海，随着巨大的海浪起伏而不知去向。

尽管他在预计石头可能落入的地方的海水中疯狂地摸索，然而终究一无所获。

就这样，他把亲手捡起的"心愿石"，实实在在地扔进大海，让梦想落空！

【点评】

俗话说：习惯决定命运。并不是说人有什么样的习惯，就一定有什么样的命运，而是说，人固有的不良习惯模式，无形中阻碍了人命运好转的机遇。在固有习惯一次又一次、常年累月地机械重复中，即使改变命运时机已经出现，也会因习惯性地丢弃或忽略而白白地葬送掉。当人习惯性地对一切熟视无睹的时候，所错过的不仅仅是能够成就自己一切的"心愿石"，还有自己的成功和命运的转机。由此可见，想尽一切办法，尽自己最大的努力，去克服和改变自己的不良习惯，就是去除那些习惯对命运转机的阻碍和忽略，使自己在命运之神到来时，能够第一时间抓住。

第25天

一、早课

早上起床，进行一次心理暗示练习（连续念三遍）。

今天是美好的一天，今天一定很好，我一定对自己更满意！

我的习惯每天都在变好。

我每天都在进步。

我不再对任何事情感到失望。

我充满喜悦和爱,谁都打不倒。

我对我的生命完全负责。

要让事情改变,先得改变自己;要让事情变得更好,先让自己变得更好。

假如我不能,我一定要;假如我一定要,我就一定能。

我必须立即行动,绝不拖延、逃避。

成功者绝不放弃,放弃者绝不成功!

二、重点事项

(1)继续强化旧习惯的变种行为的监管。

(2)坚持理性自律不动摇。

(3)坚持习惯改变训练不放松。

三、过程记录

早饭,旧习惯未发生。

上午,旧习惯变种微行为 2 次。

午饭,招待客人,旧习惯未发生。

中午休息,旧习惯未发生。

下午,旧习惯未发生,变种微行为 2 次。

晚上,招待朋友,旧习惯未发生。

晚上,整理日志,旧习惯未发生。

四、分析与思考

今天旧习惯完全消失,变种行为仅发生 4 次,出现了意想不到的好结果。

更为可喜的是，即便在接待朋友、喝酒等特殊场合，旧习惯也没有发生，说明新习惯建立和旧习惯改变已经成功！

当新习惯变成常态、旧习惯变得可有可无时，习惯改变即宣告完成。

今天的结果超出我的意料，在以后的工作、生活中，旧习惯可能还会跳出来兴风作浪，因此不能沾沾自喜，而要再接再厉，坚持不动摇，确保习惯改变完完全全地获得成功。

今天突然发现，习惯改变成功所带来的喜悦和激动，甚至比中大奖或做成一件大事所带来的喜悦和激动更加持久和深刻。

对于个体的人而言，任何形式的自我改变所带来的喜悦和激动，都是令人陶醉和自豪的，因此，对于自我改变的尝试和实践，无论如何都是值得的。

当然，旧习惯的改变和新习惯的养成，是建立在理性主导下意识全过程监管基础之上的。当理性和意识不再对旧习惯实施监管，旧习惯会不会跳出来兴风作浪，新习惯能不能稳定持久，尚不可控。因此，针对新习惯已经稳定、旧习惯已经再难唱主角的实际，我决定从明天开始，逐步取消早课、重点预想和策划，实现新习惯与理性和意识监管的完全分离，争取让新习惯成为独立、自动自发的习惯。

习惯改变，同样需要贯彻"婴儿断奶"式的分离过程，这个过程不但重要，而且非常必要，绝对不能把旧习惯的抑制和新习惯的塑造完全建立在理性和意识的全过程监管之下，必须实现真正意义上的完全分离。只有实现理性和意识监控与习惯改变的彻底分离，习惯改变才算是真正意义上的成功。

五、结论

今天的习惯改变，取得了巨大的成功！

六、发现

自我习惯改变成功会给自己带来如中大奖般的喜悦和激动，每一个人都值得对自我的某一个坏习惯实施改变和实践,这个过程会是人生最宝贵的经验和财富。

在习惯改变成功之后,需要对自己实施旧习惯抑制和新习惯保持的"断奶",实现真正意义上理性和意识的分离,将习惯交给潜意识。

故事索引　苍蝇和蜜蜂

美国著名的组织行为学者、密歇根大学教授卡尔·韦克曾转述一个关于苍蝇和蜜蜂的实验,实验的内容是这样的:

先把六只蜜蜂装进一个敞口的玻璃瓶中,然后将瓶子平放,瓶底朝着光亮的窗户。

结果发现:所有的蜜蜂全部选择飞向光亮的瓶底,不停地想在瓶底处找到出口,直到它们力竭倒毙或饿死,也不会选择从开口的瓶口飞出去。

蜜蜂向光的自然本性,决定了它们很自然地认为囚室的出口必然在光线最明亮的地方,因而它们不停地依从本能,反复重复着这种无用的行为。对蜜蜂来说,玻璃自然是一种超自然的神秘之物,它们从来就没遇到过这种坚固、不可穿透的光亮空间,它们对这种奇怪的障碍显得无法接受和不可理解,也从没有想过尝试别的脱困方法,自然飞不出去。

接着,实验者把六只苍蝇装进同样的瓶子里,将瓶子平放,瓶底朝着光亮的窗户。

结果苍蝇在不到两分钟的时间里,顺利地从瓶颈的敞口处逃逸。

苍蝇虽然也具有向光性,但是它们相对比较灵活,此处不通,就尝试别的思路和方法,尝试别的出路和通道,因此它们能很快找到出口,顺利逃脱。

蜜蜂对向光本能的执着,要了蜜蜂的命;而苍蝇对秩序和规律的忽视,乱飞乱撞,结果却得以重生。

通过这个有趣的实验，韦克总结道："这件事说明：实验、坚持不懈、试错、冒险、即兴发挥、最佳途径、迂回前进、混乱、刻板和随机应变，所有这些都有助于应付变化。"

【点评】

固执依靠本能和习惯模式行事而不知变通的人，往往会不知不觉地导致自我损害或毁灭。习惯，就是反复重复的思想、语言、情绪态度和行为模式，是一种近乎机械式的循环往复。通常情况下，人重复昨天的行为，往往只能得到昨天的结果；选择旧有的行为，只能收获旧的果实。如果要想拥有完全不一样的人生，获得全新的成功和成就，就要能够且善于自觉打破固有的行为模式，选择一种积极有益的替代行为模式。更多的时候，人的新生来自于灵活变通，而不是固守不变。打破自身不良的坏习惯，就是获得新生的开端。

第 26~29 天

一、特殊情况简述

出差，顺便拜访一位同学。

由于一直在政府各部门之间来回穿梭，白天一直在忙，晚上回宾馆时已经非常劳累了，洗洗便直接蒙头大睡。第四天又去看望同学，总之没闲着。

二、分析与思考

整体回想起来，这四天的特殊安排导致习惯改变被迫提前"断奶"，期间有印象的旧习惯重复了两三次，而且意识几乎没有监控到，特别在第三天，旧习惯重复的冲动和欲望又有所抬头，感觉相当明显。

当自我的空间被完全挤占，当忙碌事务无暇分身，当身心疲惫之极时，旧习惯还会在不经意间处于无监管状态。当人失去自我或者没有自我时，人的理性和意识往往被强行抑制或弱化，更多的时候处于完全消失的状态。在这样的情况下，原先由理性主导意识监管的旧习惯，往往会因为失去监管而跳出来兴风作浪，这是极端无奈却又无法避免的事情。好在即便在这样的情况之下，自己依靠一直以来训练建立的意识和旧习惯联动机制，还是能够在一定程度上抑制和纠正旧习惯。

同时也说明，习惯性地做早课，习惯性地理性控制和意识监管，一旦这种习惯性行为突然停止，那么人往往就处于一种自由随性的状态，身心往往开始自由散漫，坏毛病旧习惯就会乘机抬头。

也就是说，当理性和意识监管突然消失、习惯改变失去理性和意识监管和控制时，旧习惯就会在不知不觉中跳出来兴风作浪，习惯改变会因为突然丧失监管而处于失控状态，此时潜意识对新习惯的保持和旧习惯的克制还没有达到自动自发的程度，因此，自然会出现旧习惯重复、新习惯不能时刻保持的混乱现象。

对习惯改变的"断奶"，不能一步到位，不能一下子抽空，只能循序渐进，只能慢慢适应，逐步弱化并停止。否则，在没有建立新的监控机制的情况下身心可能出现管理的真空，进而出现意想不到的不良结果，极有可能破坏习惯改变成果。

任何习惯的改变和调整，都是对自我内在潜意识和本能的挑战，由此可见新习惯后期的强化和巩固是多么重要。

三、结论

这四天属于特殊时段，旧习惯反弹现象依然不容忽视，习惯改变仍需努力。

四、发现

在理性主导和意识监管下建立的新习惯，不能突然全部将之从旧习惯上抽离，而是要在逐步巩固强化的基础上，缓慢地弱化和脱离，如此才能确保新习惯不会被弱化，旧习惯不会再抬头。

故事索引　看不见的障碍

一年一度的大学毕业典礼总是按部就班，流程相对固定且严肃。

然而，今年的毕业典礼却与众不同。

在毕业典礼上，平时总是一脸严肃的老校长忽然对即将毕业的学生们说："今天结束以后，大家就要离开学校了，在毕业前的最后时光里，让我们一起来做个游戏吧！这个游戏的名字叫作障碍赛。"

同学们一听说毕业前还要做游戏，既感到惊讶又觉得新奇，于是大家都举手踊跃参加。

于是，老校长指挥学生在礼堂中间拉上一高一低两根绳子，又在讲台前摆上几把椅子。

老校长随机选取了五名学生，并宣布了游戏规则：参赛选手要蒙上眼睛，先后要钻过或跨过这两根绳子，然后从椅子中间穿过去，再走上讲台。在这个过程中，身体任何部位都不能接触到障碍物，否则就算失败。游戏前，可以不蒙眼睛先试着走两次，适应一下。

游戏开始了。五位选手都被蒙上了眼睛。一号选手虽然十分小心，但还是一脚踢翻了椅子。旁观者哄堂大笑，这让其余四位选手紧张起来。

二、三、四、五号选手依然慢慢地依照开始时的练习缓慢地摸索前进，样子好不滑稽。

此时，在老校长的示意下，有学生上台悄悄地撤去了绳子，搬走了椅子。

选手们面前已经没有任何障碍了，但他们并不知道，而是依然小心翼翼，做出谨慎而夸张的动作，让大家感到更加滑稽和可笑。

这时，有学生开始起哄，故意大声提示："抬脚，抬得高一点""弯腰，低点，再低点""向左一点，要碰到椅子了"……

游戏的结尾，是四位选手站在讲台上，一起取下蒙眼的手绢。看着空荡荡的礼堂，他们全都呆住了，过了一会儿，又都不好意思地笑了起来。

老校长示意大家安静，然后开口道："你们就要离开学校，到社会上去打拼，我没有什么礼物送给你们，只是想通过这个游戏让你们明白：在人生中，有些你以为的障碍，其实并不存在。而最大的障碍，就在你们自己的心中。"

【点评】

《道德经》第三十三章讲："知人者智，自知者明；胜人者有力，自胜者强。"人，最大的敌人往往不是别人，而是自己。在日常生活中，我们所面临的许多困难和障碍，往往并非我们想象的那么严重，或者根本就不存在。只要我们不怕困难，敢于面对挑战，那么就没有克服不了的困难，没有解决不了的问题。在人的习惯改变方面，之所以困难重重，能够真正改变取得成功的人少之又少，主要原因就是无法处理和面对自我这个强大的敌人。如果人能够战胜自己，那么什么样的不良习惯不能克服呢？什么样的好习惯不能塑造呢？人往往就是被自己编织的牢笼死死地困住，只有敢于打破自己编织的牢笼，才能有真正的解脱和新生！

第 30 天

一、早课

早上起床，进行一次心理暗示练习（连续念三遍）。

今天是美好的一天，今天一定很好，我一定对自己更满意！

我的习惯每天都在变好。

我每天都在进步。

我不再对任何事情感到失望。

我充满喜悦和爱，谁都打不倒。

我对我的生命完全负责。

要让事情改变，先得改变自己；要让事情变得更好，先让自己变得更好。

假如我不能，我一定要；假如我一定要，我就一定能。

我必须立即行动，绝不拖延、逃避。

成功者绝不放弃，放弃者绝不成功！

二、重点事项

（1）逐步弱化理性和意识监管在习惯改变中的作用。

（2）有意识地放松理性和意识对习惯改变的监管，观察新习惯和旧习惯的改变状况。

三、过程记录

整个上午，旧习惯未发生。

中午休息，旧习惯未遂1次。

下午，旧习惯未发生，变种微行为发生3次。

晚上，旧习惯未发生。

四、分析与思考

今天旧习惯未遂1次，变种微行为发生3次。

在早课做充分、重点罗列清楚、理性主导控制和意识监管之下，新习惯是稳定的，旧习惯几乎被完全克制，也就是说，正确端正的坐姿已经成为日常习惯，跷二郎腿已经成为过去，变成可以忽略不计的行为方式，完全失去了往日的顽固和强大。

对于旧习惯的变种微行为，由于其隐蔽和微小，往往还会被意识所忽略，但那已经变得无关紧要，只要在后续训练中稍微关注一下，就会消失不见的。

通过最后多天的习惯改变结果分析得出，在常规情况下，旧习惯几乎完全被克制，克制旧习惯已经成为意识监管的常规内容，因此，旧习惯再想抬头彰显已经不太可能。

对习惯改变的"断奶"，是习惯改变能否获得真正意义上成功的至关重要的一环，应当有计划有意识地缓慢进行，实现理性主导下意识监控的完全退出。

五、结论

在常规情况下，习惯改变已经取得成功。

六、发现

在常规情况下，旧习惯几乎完全被理性和意识所克制，但是如果遇到特殊情况无法自控，旧习惯依然会抬头呈现。

故事索引　幸福的秘密

某公司白领王女士是个工作狂，事事追求完美，属于工作起来就不顾一切的人。

她主要负责公司的各种外事活动，每天都必须面对各种各样的人。只要她一上班，就意味着跟上战场一样，总是战战兢兢、如临深渊、如履薄冰，她常面带程式化的微笑，把自己的一切深深地隐藏起来，把最好的一面展现给所有人。

她的工作性质决定她每天不但身体累，而且精神上更累，因为在工作过程中，她根本没有自己。

因此，每到下班时间，当她完全放松时，内在压抑的负面情绪就会不由自主地冒出来，她很少能带着真正快乐的心情回家。

然而，更让她崩溃的是，每次她那么辛苦，那么劳累，家里的老公、公公、婆婆和孩子总是不能理解她，不能给她安慰，反而更让她闹心。

日复一日，年复一年，她的身心倍受煎熬。

她曾尝试运用各种方法，试图改变这种家庭互动模式，以期能给自己安慰和温暖，但都以失败而告终。

一个偶然的机会，公司请来一位大师给公司领导层讲课，课间休息时，她主动向大师讨教自己长期以来的纠结、烦恼和痛苦的解决方法。

大师静静地听完她的倾诉之后，温和且关切地对她说："我有一个小小的建议，或许能帮助你摆脱目前的困境，不知你是否愿意尝试一下？"

王女士自然求之不得，激动地说："大师请讲，我肯定愿意，不但愿意，而且一定会按您说的做到最好。"

大师说："其实很简单，你只要每次回到家门口时，拿出镜子照照自己，调整自己的面部表情，让自己微笑起来，快乐起来，然后再开门进家。"

王女士疑惑地说："就那么简单？"

大师回答说："当然，你可以先按我说的尝试一下，看看结果然后再说。"

"好的，我一定严格按您说的去做，而且会把这样做的结果如实向您汇报，还希望您能给予更多的建议和指导。"

"没问题，有什么问题可以随时联系我。"

"谢谢大师！"

"不客气！"

当天晚上下班回家，当她走到家门口习惯性地拿出钥匙准备开门时，她突然想到大师的嘱咐，于是赶紧停了下来，拿出随身携带的小镜子，开始端详起自己来。

她不看自己则罢,一看到镜子里的自己,倒是吓了一跳。

原来她在镜子里看到了一张疲惫、灰暗的脸,看到一对紧锁的双眉,看到一双忧郁的眼睛和下垂的嘴角。

她真的连做梦也没有想到,自己回到家时的状态居然是这样的。她一下子愣住了,陷入了深深的沉思:"我在上班的时候是多么阳光,多么活力四射,多么温暖、亲切,怎么回到家就变成这副模样了?家人面对这样的自己会有什么感觉?如果自己面对这样状态的家人,自己会怎么样?难道自己真的是把自己最好的一面呈现给了他人,而把自己最差的一面留给了家人?怎么会这样呢?"

她的头脑里开始呈现家里几乎每天都会发生的场景:老公、孩子、公公、婆婆,一个个都对自己小心翼翼,生怕一句话或一个动作惹自己生气,因而总是不自觉地远离自己;每次吃饭时,儿子沉默,老公冷漠,公公婆婆大话不敢说,所有人都看自己的脸色……

一直以来,她都认为家里所有人都在与她作对,都把她当外人,都跟她不亲,甚至感觉自己在这个家里可有可无。尤其是当自己和家人发生矛盾时,自己就会歇斯底里地哭闹。

她突然明白:自己之前所认为的家里人都对自己不好,都跟自己不亲,都与自己作对,原因竟然是自己,是自己这张阴暗的脸和不快乐的心境!

她越想越觉得后怕,越想越觉得后悔,越想越觉得对不起家人,因此也非常感恩大师的点拨。

于是,她开始对着镜子认真调整自己,让自己面带微笑,让自己看起来很快乐……在经过认真检查自认为满意之后,她才拿出钥匙打开家门。

刚一进门,她就很高兴地跟家人打招呼:"我回来了!"

她明显感觉到，家人对她的态度在她刚进门时与之前是一模一样的，然而当她给他们主动打招呼，当家人们看到她面带微笑，又那么快乐时，他们先是惊讶，然后是迅速地发生改变：公公婆婆立即热情地回应她，老公第一时间跑过来接过她的包，孩子赶紧跑过来抱着她……

她的眼睛湿润了，原来她的家也是如此温暖，家人是如此亲近，孩子是如此可爱，公公婆婆是如此体贴！

自从孩子出生后，她居然是第一次感受到家的温暖、舒心和幸福！

一切居然源于自己进家门前短时间地自我调整！

她终于明白大师让她带着微笑进家门的深意：因为消极的情绪是会传染的，快乐的情绪同样是会传染的。

于是，她让老公制作一个提醒标识，就贴在自己家的大门上，标识的内容是："扔掉烦恼和阴暗，把阳光、微笑和快乐带回家！"

结果，这个标识提醒的不只是她自己，还有自己的家人和邻居。

【点评】

人的情绪态度是会传染的：积极快乐的情绪态度，往往能够带动其他人积极快乐；消极忧郁的情绪态度，也会使身边的人慢慢变得消极阴暗。著名的"踢猫效应"就是情绪态度传染的最直接表现。人的情绪态度有阳光正能量的一面，同时也有阴暗负能量的一面。积极正能量接引积极正能量，消极负能量感召消极负能量。因此，人要想生活快乐幸福，就要与积极快乐正能量为伍，自觉远离和抛弃消极负能量的东西。人的情绪态度也是一种习惯，一种顽固到很难改变的习惯，这自然也是一种选择和特有模式。人要想真正拥有幸福和快乐，那么可以学学这位王女士，果断地扔掉消极阴暗的习惯模式，把积极阳光快乐的习惯模式带回家！

事实上，对于人而言，自己改变小小的不良习惯，往往会引发家人甚至周围人群"蝴蝶效应"般的改变。事实也证明：要想改变别人，首先要改变自己；要想别人发生改变，自己要率先改变。

第 31 天

一、早课

早上起床，进行一次心理暗示练习（连续念三遍）。

今天是美好的一天，今天一定很好，我一定对自己更满意！

我的习惯每天都在变好。

我每天都在进步。

我不再对任何事情感到失望。

我充满喜悦和爱，谁都打不倒。

我对我的生命完全负责。

要让事情改变，先得改变自己；要让事情变得更好，先让自己变得更好。

假如我不能，我一定要；假如我一定要，我就一定能。

我必须立即行动，绝不拖延、逃避。

成功者绝不放弃，放弃者绝不成功！

二、过程记录

全天旧习惯未发生，只发生变种微行为 1 次。

三、分析与思考

在早课准备充分的情况下，没有重点事项的安排和把控，习惯改变效果依然理想，说明重点安排这部分内容可以取消。

旧习惯变种微行为虽然出现了一次，但完全可以忽略不计。

实现了重点安排与习惯改变的分离。

四、结论

今天的习惯改变，是迄今为止最成功的一天。

五、发现

当习惯改变取得成功之后,与之相关的习惯性连接与之脱离并非难事,对改变的结果影响也不是很大。

故事索引 一流剑客

在日本历史上,曾出现过两位伟大的剑客,一位是宫本武藏,另一位是柳生又寿郎,而柳生又寿郎正是宫本武藏的徒弟。

柳生又寿郎少年时放荡不羁,不肯接受父亲的教导,还总是会做出种种大不敬的事,父亲一气之下,就把他逐出了家门。

受到刺激的柳生,发誓一定要成为一名一流的剑客,击败父亲,向父亲证明自己的才能。于是他独自去拜见当时最负盛名的宫本武藏,想拜师学艺。

宫本武藏看他资质不错,就收下了他。

成为正式弟子之后,柳生学剑急切,还没等基本功练扎实,就急切地向师父求教:"师傅,假如我努力学习,需要多少年才能成为一流的剑手?"

宫本武藏说:"你的余生!"

"可我等不了那么久啊,师父!"柳生急切地说:"只要您肯教我,我愿意下任何苦功去达成目标。这样的话,需要多长的时间呢?"

"也许需要10年。"宫本武藏说。

柳生更着急了:"哎呀!家父年事已高,我必须要他在生前能看到我成为一流的剑手。可10年太久了,如果我加倍努力学习需要多久?"

"那也许要30年。"宫本武藏缓缓地说道。

柳生更加着急了,说:"如果我不怕吃苦,夜以继日地练剑,需要多少时间?"

"哦，那可能要50年。或者这辈子你再也没希望成为一流剑手了。"宫本武藏说。

柳生越来越感觉百思不得其解，问师父："这怎么可能呢？我越努力，成为一流剑手的时间反而越长，这不合常理啊。"

"欲速则不达，练剑讲求自然和平和，急功近利就会偏离大道。"宫本武藏平和地说。

柳生恍然大悟，从此，开始潜心跟随师父学习剑术，勤学苦练，毫不懈怠。

数年后，柳生又寿郎也成为一代武学宗师。

【点评】

人，无论是做学问、做事业还是学技艺，都必须脚踏实地，一步一个脚印稳扎稳打。正如《道德经》所言："合抱之木，生于毫末；九层之台，起于垒土；千里之行，始于足下。"临时抱佛脚、急功近利往往非但不能成事，反而会败事。

就人的习惯改变而言，一个人已经固定成型的不良习惯，往往已经跟随了自己很多年，甚至从自己开始有自主行为时就具有了。一个长久伴随自己的不良习惯，怎么可能在很短的时间里就改掉它呢？因此，人的习惯改变，是一个循序渐进的过程，需要大量的时间，不断积累和强化，才能取得成功。任何急功近利的行为，都是习惯改变的大敌，也是改变失败的元凶！

第32天

一、过程记录

全天旧习惯未遂行为发生3次，变种微行为发生5次。

二、分析与思考

从全天习惯改变的成果来看，当天的早课和重点内容把控对习惯改变是有影响的，一旦取消，旧习惯依然有死灰复燃的现象，但情况都在可控范围之内，没有什么异常之处。

也就是说，早课虽然重要，但是脱离之后对大局影响并不是很大，完全可以彻底脱离，可以将早课取消。

三、结论

在没有早课和重点预案的情况下，虽然旧习惯出现些许反复，但并不严重，属于正常现象，因此，今天的习惯改变是成功的。

四、发现

习惯改变的早课停止，对习惯改变有影响，但影响也不是太大，由此判断早课完全可以停下。

故事索引　囚笼

在猴群繁衍的山区，猎人们都有一套抓猴子的绝妙方法。其中有一种方法非常绝妙，而且几乎万无一失。猎人们会用一个或多个口小肚大的玻璃瓶抓猴子，瓶口的大小刚好使猴子的手勉强能挤进去。在抓猴子时，他们会在瓶子里放上猴子最爱吃的食物，然后用绳把瓶子固定在附近的石块或者树上，然后就回家睡大觉。

在无人的情况下，猴子们会成群地下山觅食。当它们发现瓶子里的美味时，便会争先恐后地使劲地将自己的手伸进瓶口里去取，并紧紧地抓住食物不放。然而，当猴子抓住美味时，由于拳头攥起超出了瓶口的大小，于是无论猴子如何用劲，也休想把手从瓶子里抽出来。

通常情况下，只要猴子能够放弃手中的食物，那么它的手就能够轻松地抽出来。事实往往相反，猴子宁愿抽不出手来，也不愿意放弃已经到手的食物。由于瓶子被猎人牢牢地固定住，所以猴子就只能被瓶子困住不能脱身。

直到第二天猎人来抓它的时候，它依然会死死地抓住食物不放，直到猎人给它另一只手上放上它更爱吃的食物，在享受食物之后它才会放手。

在海边，有经验的渔民抓聪明的章鱼的方法也很绝妙。

他们同样是用口小肚大的玻璃瓶子，用绳子固定在船上，然后将瓶子扔进大海。

那些聪明的章鱼，当它们发现悬在海中的瓶子时，就会争先恐后地向瓶子里钻，不管瓶口有多小，它们都会想方设法钻进去。

当渔民们把瓶子收上船时，章鱼还不知怎么回事就乖乖地做了俘虏。

猴子如果愿意松开到手的食物，就不会被猎人轻松地抓住；章鱼如果不钻进瓶子，渔民也很难那样不费吹灰之力就抓住它们。

是什么让猴子和章鱼坐以待毙、束手就擒的呢？是习性，是囚笼。

对于猴子来讲，只要到手的食物，就不会轻易松手，除非有更好的食物可供选择；对于章鱼来讲，它们总是仰仗自身身体的柔软，拼命地向狭小空间里钻。

有人会说："猴子真笨，直接把手松开不就得救了？章鱼更笨，不钻瓶子不就得了？"

然而，现实恰恰相反，猴子就是笨到宁死不松手，章鱼就是傻到不要命也要钻瓶子！

这就是囚笼，真正要命的囚笼！

【点评】

到手的食物宁死不放是猴子的囚笼，有空就钻是章鱼的囚笼。作为人呢？自身养成的不良习惯，同样是自己的囚笼！

世界上绝大多数人，终其一生都在受不良习惯的囚禁和奴役，甚至被坏习惯慢慢害死，这是不是比猴子和章鱼更愚蠢呢？

每一个人都有属于自己的囚笼，有的人是赌博，有的人是抽烟，有的人是喝酒，有的人是沉迷于游戏，有的人是沉迷于色情，有的人是吸毒，有的人是作恶……

囚笼是有毒的，不但毒害自己的身体，也毒害自己的心灵，可能还毒害他人。

人获得新生的关键，就是打破囚禁自己的囚笼，即长期毒害自己和他人的不良习惯。而能否真正获得新生，只能靠自己，别人往往无能为力。

第 33 天

尝试停止理性主导和意识监管，完全忘记习惯改变这件事。

一、过程记录

全天旧习惯完全没有发生。

二、分析与思考

在常规情况下，与习惯改变相伴随的理性主导和意识监管，在习惯改变成功之后，也完全可以忘掉和取消，如此就实现了习惯改变理性连接的完全分离，使新习惯完全替代旧习惯，成为真正意义上自动自发的行为习惯。

接下来的几天，是对习惯改变成果的观察期和巩固期。

三、结论

今天的习惯改变，是迄今为止最成功的一次，没有出现一次旧习惯，甚至连变种微行为都没有。

四、发现

在新习惯真正形成之后，与塑造新习惯相连接的理性主导和意识监管，可以非常容易取消和停止。

故事索引　锲而不舍

荀况在《劝学》中讲道:"锲而舍之,朽木不折;锲而不舍,金石可镂。"意思是说,学习如同镂刻金石一样,如果刻一下就停下来,烂木头也刻不断;如果不停地刻,即使是坚硬的金石,也可以被刻穿。因此,人学习、做事要有锲而不舍的精神,持之以恒、坚持不懈才能成功。

王冕,元末著名诗人、画家、篆刻家。

在他七岁的时候,他的父亲就去世了,他只能和母亲相依为命,生活艰辛。

到了读书年龄,母亲只能靠给别人做点针线活挣钱供他读书。由于经济窘迫,他不得不中途辍学。

尽管家境贫困,又没有条件上学,他却从没有放弃过读书,他总是一边放牛,一边勤奋地读书。

日子一天天过去了,小王冕也一天天地长大。

一天,大雨过后,小王冕照例出去放牛。

雨后的田野草木青葱,空气清新,阳光明媚,湖光山色,甚是美丽。小王冕坐在湖边的草地上,欣赏着湖里盛开的荷花,眼睛出神地盯着荷叶上的水珠。

王冕心想:"古人说'人在画中',真不是虚言啊。可惜这里没有画师,不然把这美景画下来该有多好啊!"

突然他有个转念:"天下没有学不会的事情,我为什么不能自己学画画呢?"

想到什么就立刻去做,于是王冕用母亲替别人做针线活换来的微薄收入,购买了简易的绘画工具,开始边放牛边学画荷花。

由于没有人指导,一切都是自己摸索,所以初期画得实在很糟糕。虽然对自己的画相当不满意,他也曾多次想放弃学画。然而他最终还是说服了自己,反复地告诫自己凡事不能半途而废,必须锲而不舍。于是,他每天坚持到湖边放牛,边放牛边画画。

随着时间的推移,他绘画的水平越来越高,慢慢地他对自己的作品有一些满意了,这就更加了激发他学画的动力。

功夫不负有心人,很快,王冕画的荷花像从湖里刚摘下来那样,栩栩如生。

后来,他的绘画技艺更加成熟,尤其以画墨梅见长,他开创了写意花鸟画风之先河。

【点评】

一位智者曾说过:人生成败贵在坚持,人生的任何一项正当事业,只要能坚持五年以上,就一定能有收获。人生的幸福快乐没有捷径,事业的成功也没有秘诀,只有锲而不舍、坚持到底不放弃而已。人的习惯改变也是一样,习惯改变根本就没有捷径,更没有秘诀,只有在正确的道路上不停地坚持,坚持到底,才能成功!

第 34~38 天

观察巩固情况简述

连续五天对习惯改变的观察和巩固,是在停止并取消了与习惯改变相关的任何一种理性意识连接的五天,是还新习惯一个完全不受管理和控制的自由的五天。在这五天里,跷二郎腿的旧习惯只做实过一次,未遂约为 8 次,变种微行为约为 10 次。有时候一两天没有出现一次旧习惯行为。

也就是说,旧习惯已经变成一种非常规行为,跷二郎腿习惯被端坐习惯所替代，完成了整个习惯改变的过程。

当旧习惯变成非常规行为时，虽然还有复发的可能，但已经不是主流，不占主导，变成可有可无的行为了。

这才是习惯改变的最终结果。

新习惯的建立和旧习惯的戒除，已经几乎不存在任何内在的冲突和不适感，习惯改变圆满成功！

一个相伴自己三十余年的习惯，在经过自己三十余天的风雨坎坷之后，终于见到了阳光，获得了可喜的成功！纵观自己两次顽固习惯的改变实践和诸多好习惯的养成实践可以推知：人的习惯并不是无法改变，而是能够彻底地改变！当然，人要想改变伴随自身已久的习惯，首先需要解决自己的思想认知问题，这需要一定的方式方法，需要做足功课，需要强大持久的意志力，需要稳定持久的理性自律，需要不间断的意识监管监控，更需要风雨不动安如山的定力和坚持力。总之，一句话：习惯可以改变，命运同样可以改变！

故事索引　龙门的高度

传说鲤鱼只要能够跳过龙门，就会变成龙。

鲤鱼的子孙们都为自己的祖先跃过龙门成龙而自豪，因此它们个个都把跃过龙门作为毕生追求的至上目标。

然而，毕竟龙门太高，身为凡夫俗子的鲤鱼们想要跳过龙门，谈何容易。

一代又一代的鲤鱼们终其一生的努力，都没有一个成功地跳过龙门变成能够呼风唤雨的神龙。

在万般无奈的情况下，有一个睿智的鲤鱼想到了一个办法："既然大家都在努力，但却没有一个真正成功跳过龙门的，那为什么不一起去找设立龙门的龙王,让它把龙门高度降下来,那么鲤鱼们不就可以轻松地跃过龙门了吗?"

它的提议得到了所有鲤鱼的支持,于是在它的带领下,鲤鱼们来到龙宫向龙王请愿:恳求龙王把龙门的高度降下来,让他们都能变成龙。

龙王不答应,于是鲤鱼们就一直长跪不起。

它们跪了九九八十一天,依然没有起来的意思。

龙王终于被感动了,于是答应了它们的要求,把龙门高度降了下来,保证所有鲤鱼都能轻松跳过龙门,变成它们一直梦想成为的神龙。

鲤鱼们集体为它们的胜利而庆祝,终于可以轻松地变成龙了。既然能够成龙,谁还愿意做一条小小的鲤鱼啊!

在龙门高度降下之后,鲤鱼们一个个争先恐后地跳了过去,兴高采烈地都变成了龙。

龙的生活和鱼的生活简直没法比,于是所有鲤鱼们都尽情地享受变成龙的快乐与幸福。

然而,随着时间地推移,它们很快发现:所有的鲤鱼都变成了龙,好像跟大家都是鲤鱼时没什么两样。

于是它们又集体找到龙王,向龙王倾诉它们的困惑。

龙王热情地接待了它们,知道它们的来意之后,意味深长地说:"真正的龙门是不能降低高度的,你们要想找到真正龙的感觉,还是变回鲤鱼,去挑战那个没有降低高度的龙门吧。"

【点评】

鲤鱼挑战的龙门高度是不能降低的,同样,人生的"龙门"的高度也是不能降低的。人为地降低目标和标准,即便达到了也不是成功,而是自欺欺人。习惯决定命运,好习惯成就好命运,坏习惯带来坏命运。因此人命运的"龙门"就是对自身不良习惯的克服和对好习惯的有意塑造，这个门的高度，是无论如何也不能降低的，只能加高，或者更高。只有跳过更高的龙门，生命才能拥有真正意义上的高度、宽度和厚度！